El Hombre:
Su Origen y Destino

Jaime Simán

Tercera impresión. Abril, 2016. Publicado por: The Word For Latin America
P.O. Box 1002, Orange, CA 92856 (714) 285-1190

"la verdad os hará libres"

Jesús de Nazaret

Dedicatoria

Esta obra es presentada con agradecimiento a mis especiales amigos de Watkinsville, Georgia; principalmente a Bill y Darlene, Phil y Linda, Ray y Debbie. Ray, dijiste "un día entenderás" y así fue; gracias a Aquel que es Verdad y amor verdadero, el Creador maravilloso de nuestro universo, a quien con agradecimiento va dedicada especialmente esta obra. Y a todos aquellos que tienen sed y buscan la verdad de corazón; es mi oración que también ellos "un día entenderán", aun al leer este libro.

Mi agradecimiento a Raquel Monsalve por su asistencia editorial tan valiosa. Y a Adolfo Blanco por el arte de la portada.

ÍNDICE

INTRODUCCIÓN

Cuando vemos una casa sabemos que alguien la construyó, que tuvo un principio. Cuando vemos un árbol sabemos que un día sus raíces se fueron extendiendo en la tierra, el tronco fue creciendo y sus ramas formándose poco a poco. Al igual que la casa, el árbol tuvo un principio. No existía antes pero ahora existe.

Lo mismo sucede con los animales. Un día vemos la gata del vecino bien gordita y pronto nacen sus gatitos. No existían antes, pero un día nacen y los vemos jugando en el vecindario; también ellos tuvieron un principio.

Pero ¿cómo se formaron los primeros árboles, o los primeros animales que caminaron sobre la tierra? Y ¿qué podemos decir de todos las demás objetos que nos rodean, el Sol, la Luna y las estrellas? ¿Desde cuándo existe el mundo?

En este libro consideraremos estas preguntas. Investigaremos cuestiones sobre el tema, preguntas que son importantes pues es natural que queramos saber sobre el origen de nuestro mundo. Es muy natural que nos interese saber desde cuándo existe el hombre sobre el planeta, cómo llegamos, y sobre todo... por qué existimos.

No todos están de acuerdo en cómo se originó el mundo y cuándo empezó todo. Unos piensan que todo se originó hace muchísimo tiempo, hace unos trece mil millones de años de acuerdo a las proyecciones más recientes. Según ellos todo empezó con una gran explosión que llaman el "Big Bang". "Big Bang" es una expresión en inglés, usada para referirse al sonido fuerte de una gran explosión.

Según esas personas, todo lo que existe ahora estaba concentrado en un puntito tan pequeño como la cabeza de un alfiler, hasta un día en que explotó lanzando toda la materia y energía que hoy forman el universo. De las nubes de átomos, materia y energía se fueron formando poco a poco las estrellas y también nuestro Sol, la Luna y nuestro planeta Tierra. Ese pensamiento o hipótesis se conoce como "la evolución", pues propone que las cosas a lo largo del tiempo fueron evolucionando de lo simple a lo complejo.

En el principio... ¡una explosión!

Hipótesis De "La Evolución"

De acuerdo a los proponentes de la hipótesis de la evolución...

Todo lo que existe ahora estaba concentrado en un punto muy pequeño. Un día explotó, y de esa explosión apareció el universo.

Pero, ¿será posible que de una explosión se haya producido todo el orden y la belleza que observamos en nuestro universo?

¿De una
explosión...

...orden
y belleza ?

Otro aspecto, muy importante en la hipótesis de la evolución, es que propone que todas las cosas se fueron formando por procesos fortuitos o aleatorios, no de acuerdo a un diseño o plan establecido. Un proceso fortuito o aleatorio es un fenómeno que no está guiado por un ser inteligente, de hecho no obedece a ningún plan o diseño racional.

Por ejemplo, el arreglo de veinte bolitas de vidrio con las que suelen jugar los niños, que cayeron de una mesa en el patio empujadas por el viento, es resultado de un proceso fortuito. El viento las empujó, sin ningún plan de organizarlas en el suelo de cierta forma. El arreglo de las canicas así tiradas en el suelo, es un arreglo fortuito, aleatorio.

Usted, en cambio, puede tomar esas veinte canicas, y ponerlas en el suelo formando una estrella de cinco puntas. En ese caso la estrella habrá sido formada no por un proceso fortuito, sino de acuerdo a un plan establecido, el plan de un ser inteligente, usted.

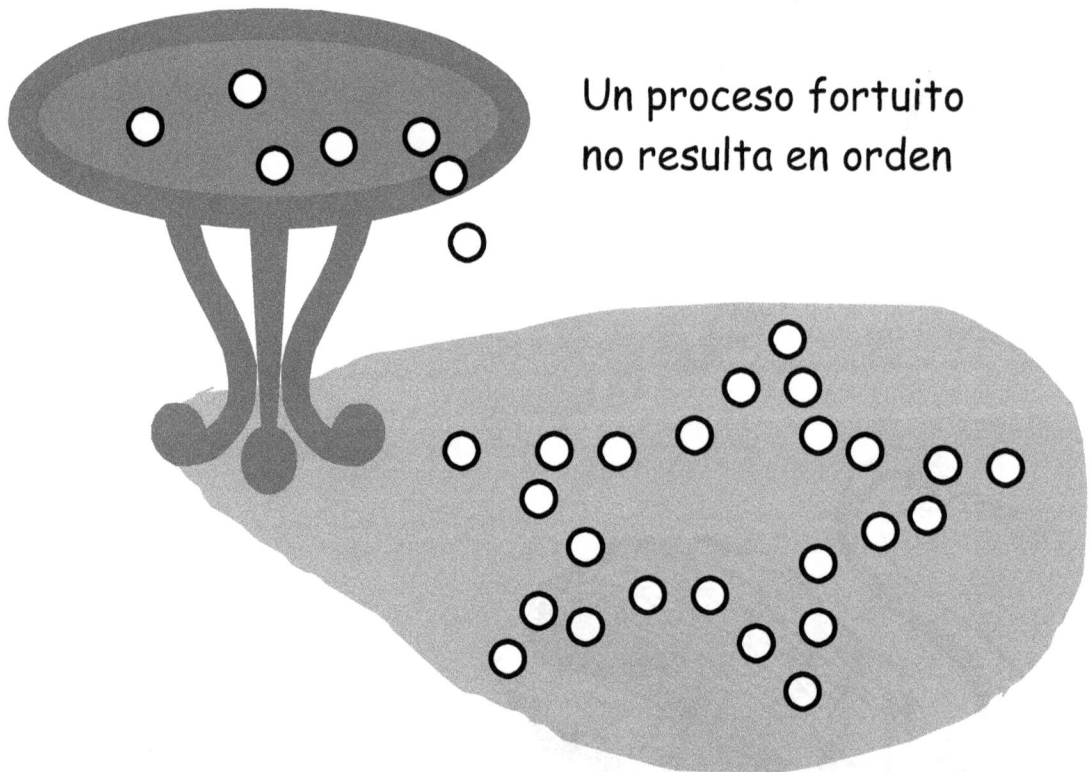

Un proceso fortuito
no resulta en orden

Los proponentes de la hipótesis de la evolución dicen que el planeta Tierra fue formado hace unos cuatro mil millones de años. Luego se fueron formando las plantas y animales, hasta que finalmente se formó la raza humana. Según ellos, los hombres venimos del mono.

Si las cosas sucedieron de acuerdo a la evolución, y no de acuerdo a un plan establecido por un ser inteligente, entonces explicar el propósito de nuestra existencia es un esfuerzo vano. Si todo existe por procesos fortuitos, y no de acuerdo a un plan y propósito inteligente, entonces el ser humano es resultado de accidente, y no habría verdadero significado para nuestras vidas.

El creacionismo propone, contrario a la evolución, que el universo que nos rodea fue creado por un Ser inteligente de acuerdo a un plan y propósito específicos. Ese Ser, a quien se le llama Dios, es un Ser muy superior en inteligencia y poder a los seres humanos; Él es el Creador de todo el universo.

Algunas personas religiosas han tratado de armonizar la hipótesis de la evolución con la Biblia. Ellas piensan que el universo y el hombre se formaron de acuerdo a lo que enseña la hipótesis de la evolución, sólo que dan un paso más, declarando que el origen del "Big Bang" es el Dios de la Biblia. Esta posición sobre orígenes, la de que Dios creó el universo por medio de procesos fortuitos, accidentales, se conoce como "evolución teísta".

En este estudio veremos que el respaldo científico de la evolución es realmente muy débil. Además observaremos que la evolución teísta es incompatible con la revelación bíblica; y mostraremos que el creacionismo es una posición muy lógica y aceptable dentro del campo de la evidencia científica. Tal vez le sorprenderá saber que el creacionismo es la hipótesis que mejor explica la existencia de nuestro universo.

El material lo presentamos en dos partes. En la primera parte veremos el tema principalmente desde el punto de vista lógico natural, basándonos en la observación, y la evidencia natural y física que nos rodea. En la segunda parte lo analizaremos desde el punto de vista lógico espiritual, a la luz de la revelación bíblica. En dicha sección no sólo hablaremos de nuestro origen, sino también de nuestro destino.

Antes de finalizar la introducción deseo alentar al lector en su interés por la materia. Es muy refrescante saber que hay personas en nuestro tiempo que se detienen en medio de la carrera frenética de la vida para pensar críticamente, buscando entender mejor el origen y propósito supremo de nuestra existencia.

Sabiendo que la persona de espíritu joven, genuino y valiente, aun el verdadero científico, no está más comprometida con una posición específica que con la verdad, le invito pues a que, con la mente abierta, me acompañe en un recorrido por el fascinante tema de los orígenes. Confío que esta jornada la encontrará además de retadora, productiva e iluminadora, tanto intelectual como espiritualmente.

No nos entretengamos más, ¡empecemos nuestra emocionante exploración!

PRIMERA PARTE

ARGUMENTOS LÓGICOS NATURALES

Procesos Fortuitos Y Diseño

En el ejemplo de las bolitas de vidrio que caen de la mesa barridas por el viento, no esperamos que caigan todas en fila, formando una línea recta. Mucho menos esperamos que caigan formando una estrella de cinco puntas. Al contrario, lo más lógico y lo que vemos, es que caen todas regadas, sin ninguna formación ordenada o compleja. Los procesos fortuitos no resultan en diseño u orden, sino en desorden.

Si un viento huracanado levanta pedazos de madera, ladrillos, arena y vidrio al aire, éstos caerán desperdigados. Si acaso caen juntos, caerán formando un montículo desordenado de material, pero no caerán formando una casa. La construcción de una casa requiere además de los materiales apropiados, un diseño y un ser inteligente capaz de organizar los materiales de acuerdo a un plano. La casa no es el resultado de procesos fortuitos sino el resultado de un ser inteligente.

En nuestras experiencias cotidianas vemos que algo complejo y ordenado es siempre el resultado de una mente inteligente. Un edificio requiere un constructor. Una bella pintura, ilustrando un amanecer en la campiña, requiere de un artista que la pinte. Una máquina requiere de un ingeniero que la diseñe.

Algo complejo y ordenado es siempre el resultado de un ser inteligente

El mundo que nos rodea es complejo y asombroso, ya sea que bajemos a las profundidades del mar y apreciemos la diversidad de peces de varios colores y diseños, ya sea que caminemos en los campos y apreciemos las flores, o levantemos la vista al firmamento y estudiemos las galaxias, o subamos en una nave espacial y observemos desde el espacio la Tierra. Nuestro universo es realmente maravilloso, formado con gran inteligencia y sabiduría. De hecho, el hombre se desarrolla científica y técnicamente en la medida que observa y estudia el universo y su orden, descubriendo y aprendiendo de las leyes sabias que lo rigen.

En la publicación de febrero de 1993 de "R&D Magazine" (Revista Investigación y Desarrollo) leemos un artículo sobre el hilo producido por las arañas, un hilo cuya estructura es tal que, por libra es más fuerte que el acero. Las arañas tienen, por supuesto, gran aplicación para esta estructura; produciendo una tela con un hilo tan delgado que prácticamente es invisible, sin embargo es tan fuerte que resiste su peso y el de las presas que atrapa.

El hombre se ha dado cuenta del potencial práctico de esta maravilla de ingeniería de materiales. Entre las muchas aplicaciones está su uso en instrumentos médicos. Los científicos están ahora investigando maneras de reproducir este material en forma sintética, aprovechando los avances modernos en el campo de la biotecnología.

En otro artículo de la misma revista, R&D Magazine, pero del mes de octubre de 1999, leemos que *"cuando se les pidió a los científicos del Laboratorio Nacional de Ingeniería y del Medio Ambiente de Idaho, del Departamento de Energía de los Estados Unidos, que desarrollaran un fuerte adhesivo resistente al agua... ellos fueron a*

los expertos – almejas que han estado agarrándose firme y naturalmente debajo del agua desde hace miles de años".

Los científicos buscan aprender de la sustancia que las almejas secretan, pues *"tiene propiedades como de adhesivo – que se endurece en hilos para agarrarse en cuestión de un minuto"*. El biólogo molecular Frank Robert resalta que el adhesivo natural no necesita altas temperaturas para ser activado, contrario a muchos cementos sintéticos manufacturados por el hombre.

Esta es otra maravilla de ingeniería de materiales, una sustancia compleja y de características muy peculiares, diseñada especialmente para una aplicación específica en el mundo natural. El hombre, en su tecnología moderna, todavía no ha podido diseñar un adhesivo que tenga las ventajas ofrecidas por el encontrado en la naturaleza. Los científicos de la Universidad de California en Santa Bárbara están identificando las proteínas que forman el hilo de carácter adhesivo para reproducirlo biológicamente.

Y ahora, pasémonos de las almejas al murciélago. ¿Sabía usted que los murciélagos miden distancias por medio de un sistema sofisticado de sonar? Primero emiten un sonido, y luego detectan precisamente el tiempo que toma para rebotar en el objeto distante. Es como si fuéramos a un lugar adonde nuestra voz regresa en forma de eco. El tiempo que toma al eco en regresar es una medida de la distancia de la pared en que rebotó. Bueno, el hombre busca aprender de este diseño encontrado en la naturaleza, el cual se usa en distintas aplicaciones. Una de ellas es la detección de minas por los submarinos de las Fuerzas Navales de los Estados Unidos, y otros países.

En un interesante artículo de Prensa Asociada (AP), reportado en la página Web de CNN en 1998, leemos que el sonar de los murciélagos sigue siendo todavía muy superior al de más alta tecnología diseñado por el hombre. El investigador James Simmons, de la Universidad Brown, está tratando de hacer el sistema de sonar naval más como el de estos intrigantes animalitos. En sus esfuerzos por aprender más, los científicos han empezado *"experimentos que registran la actividad de las células cerebrales de los murciélagos cuando procesan sonidos"*.

El diseño del sonar de los murciélagos es de tal precisión, que puede distinguir entre objetos tan cercanos, que la diferencia de tiempo que toma para que la señal emitida rebote es solamente una millonésima de segundo (0.000001 segundos). No creo que necesitemos entrar en más detalle para apreciar lo maravillosamente complejo que es este sistema.

¿Es acaso lógico pensar que un sonar, construido con toda la tecnología moderna, sea resultado de diseño, mientras que un sistema superior sea el producto de una serie de procesos accidentales?

Así como los anteriores, hay muchos más ejemplos. De hecho, el mundo que nos rodea está repleto de excelentes diseños de materiales y sistemas en todos los campos, desde el campo biológico hasta el cósmico; diseños integrados que señalan a un Diseñador. Consideremos por ejemplo el increíble sistema solar, los movimientos combinados de la Tierra, la Luna y el Sol; coordinados de tal manera que favorecen milagrosamente la vida en la Tierra. Pensar que este balance cósmico, junto con la atmósfera que tiene la cantidad apropiada de oxígeno para nuestra existencia, y todos los demás sistemas y procesos que constituyen nuestro planeta, y que favorecen la vida, fueron diseñados por un Ser inteligente como lugar de habitación para el ser humano, es algo perfectamente lógico y consecuente con las experiencias normales y objetivas de la vida diaria.

No pasemos por alto lo maravilloso que es el universo, y lo increíblemente diseñado para acoplar al ser humano. No, la Tierra no es el centro del universo, pero todo indica que el ser humano sí lo es. El universo ha sido creado para beneficio del hombre.

¿Sabía usted que nuestro planeta recibe la cantidad de energía solar precisa para mantener la vida? El tamaño del Sol y su distancia con respecto a la Tierra son perfectos. El Dr. Lawrence Richards en su libro "It Couldn't Just Happen" (No Pudiera Simplemente Ocurrir) menciona que si la Tierra recibiera uno por ciento (1%) más de energía del Sol, no podríamos existir debido a las calientes temperaturas. Si en cambio la Tierra recibiera uno por ciento (1%) menos, nos congelaríamos. ¿Es posible que este balance sea accidental? Lo más lógico es pensar que es el resultado de un diseño establecido.

Nuestro mundo es complejo y maravilloso

Los planetas que giran alrededor del Sol tienen también una posición y tamaño que no son casuales, sino benéficos para nuestra supervivencia. En la página Web de CNN del 28 de julio del 2000 apareció un artículo sobre el libro "Rare Earth" (Tierra No Común), de los profesores Peter D. Ward y Donald Brownlee de la Universidad de Washington. Dicho artículo menciona que una gran cantidad de desperdicios cósmicos que circulan en el universo, chocaría sobre la Tierra destruyendo la vida, si no fueran desviados por el planeta Júpiter; lo cual es posible gracias a su tamaño, órbita y posición ideal en el sistema solar.

La capa de ozono que rodea el planeta es otro ejemplo de los sistemas diseñados en nuestro mundo para favorecer la vida en la Tierra. Sin ella estaríamos a la merced de los rayos ultravioletas mortales que vienen del exterior. Precisamente, la comunidad mundial está preocupada por los agujeros que se están formado en la ozonosfera, los cuales aumentan las incidencias de cáncer en las áreas afectadas. Es difícil pues pensar que los gases y procesos químicos que se producen en la ozonosfera para capturar los rayos ultravioletas, un sistema sin cuya existencia nuestra propia existencia sería imposible, son producto más de la buena suerte.

¿Y qué diríamos del cuerpo humano, una obra más que maestra, milagrosa, de diseño y complejidad increíbles? Todavía estamos aprendiendo de su composición, estructura y funcionamiento. De hecho se requieren muchos años de dedicación, estudio aplicado y experiencia práctica, para llegar a ser un verdadero especialista en tan solo un área del cuerpo humano.

Consideremos, por ejemplo, el órgano de la vista. Un oftalmólogo necesita muchos años antes de llegar a ser experto en el área del ojo humano.

El ojo no es una pieza independiente, trabaja en armonía con el sistema circulatorio y muscular; y por supuesto con el cerebro. Hasta el cráneo está diseñado para acomodar al ojo. Pero pensemos un poco ¿de qué serviría el ojo, si no fuera para servir al ser humano en el cual está colocado? Este órgano tiene un propósito específico. Los procesos aleatorios no tienen un propósito, los diseños sí. El ojo es resultado de diseño.

Al final de su carrera el mayor experto en el tema morirá sin conocer todos los secretos relacionados con el maravilloso sentido de la vista. Pensar que el órgano de la vista es el resultado de procesos fortuitos, sería un insulto a la inteligencia del hombre, y un mayor insulto al Diseñador que lo creó.

El Ojo Humano

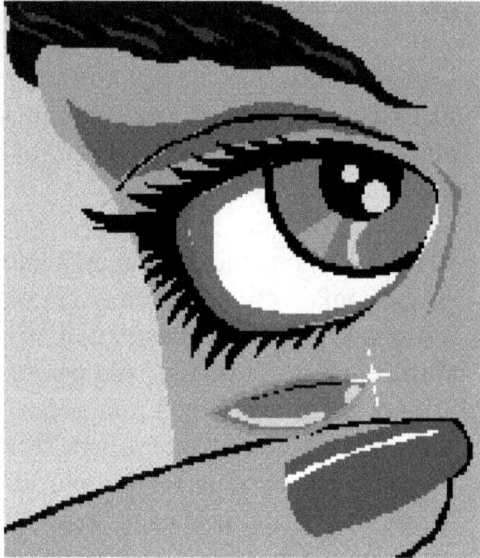

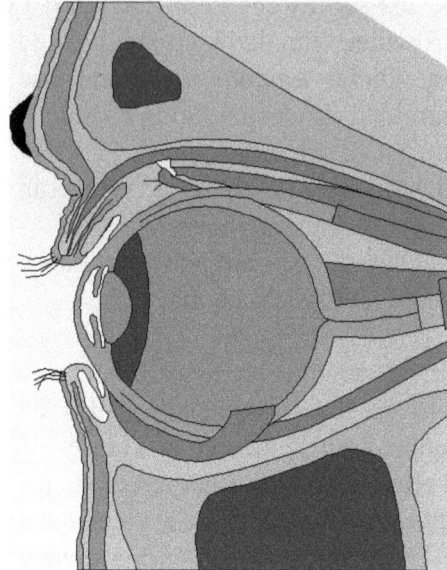

El ojo es parte de un sistema complejo. Trabaja en armonía y depende del sistema circulatorio y muscular, y del cerebro. Hasta el cráneo está diseñado para acomodar al ojo.

Este órgano tiene un propósito específico. Los fenómenos aleatorios no tienen un propósito, los diseños sí. El ojo es resultado de diseño no accidente.

Incapacidad De Organización

Si vamos a Egipto y observamos las pirámides, podemos concluir que seres inteligentes las construyeron. Lo mismo podemos decir de las pirámides de Teotihuacán en México, o de las de Tikal en Guatemala. ¿Por qué podemos decir que un ser inteligente las formó? Muy fácil, sabemos que las piedras no tienen la propiedad de organizarse por sí mismas en esa forma.

Un avión es otro ejemplo similar, la obra necesaria de un ser inteligente ya que los átomos, moléculas y materiales usados, no tienen la habilidad interna de organizarse en esa manera específica y compleja.

Consideremos bien el ejemplo del avión. Las diversas piezas que lo forman son cuidadosamente fabricadas a partir de varios materiales tales como el aluminio, titanio, y otros metales; además de polímeros y plásticos especializados. Estas piezas son luego integradas en forma minuciosa, de acuerdo a un diseño específico, para poder así formar una máquina capaz de volar. El aluminio no vuela, la gasolina tampoco; es la organización de todo el sistema, fabricado a partir de materiales adecuados, y de acuerdo a un diseño efectivo, lo que hace que el avión vuele.

Pensar que el avión, cuyas partes están integradas con un propósito, pueda ser el resultado de procesos fortuitos sería absurdo. Nadie produce un avión por accidente; de hecho, un error en el diseño produciría ¡un accidente fatal!

Similarmente, en el campo de la biología, los átomos no tienen la propiedad intrínseca de organizarse en los arreglos necesarios para formar las primeras células. Éstas por su parte, muestran diseños y propósitos complejos, componiendo tejidos, los tejidos formando órganos, y éstos integrando el cuerpo perfectamente funcional del animal. La célula más sencilla es mucho más compleja que un avión moderno. La probabilidad de que estos átomos se hayan organizado inicialmente en tal forma gracias a procesos fortuitos es una imposibilidad química y estadística, tal como lo mostraremos posteriormente.

En nuestros tiempos modernos, un equipo de hombres podría escoger materiales apropiados y organizarlos hasta formar una pirámide, la copia exacta de la Gran Pirámide de Giza, en Egipto. De igual manera puede que un día el hombre ponga los ingredientes ideales y, usando las condiciones apropiadas en un laboratorio, forme una célula viva a partir de átomos, después de varios procesos químicos, debidamente controlados, por supuesto. Estos ejemplos no podrían usarse sin embargo, como prueba de que la Gran Pirámide y la célula son ejemplos de procesos evolutivos accidentales. Al contrario, ellos constituirían un excelente argumento a favor de que, tanto la Gran Pirámide como la célula, necesitaron el diseño y la intervención de un ser inteligente.

La materia no tiene la propiedad intrínseca de organizarse para formar la Gran Pirámide de Giza o un avión.

La organización de los componentes es resultado de un esfuerzo específico, de acuerdo a un diseño inteligente, externo a dichos sistemas.

En el caso de la célula, ésta es mucho más compleja que la Gran Pirámide de Giza, pues lleva en sí misma un código sofisticado para poder reproducirse. Las primeras células, con sus códigos y programas, tuvieron que haber sido puestas juntas por un Ser inteligente. Imagínese qué diseños más avanzados y maravillosos… máquinas que pueden reproducirse a sí mismas. ¡Cuánto quisiera yo que mi camioneta Mazda se pudiera reproducir a sí misma!

El creer que los átomos se organizaron casualmente, para formar las primeras células vivas, equivale a creer que basta enseñarle a un chimpancé a presionar el teclado de una computadora, para que produzca una poesía romántica de gran calidad literaria. Tal vez dice: *"Oh no, yo sé que el chimpancé no tiene la inteligencia necesaria para componer la poesía, pero si lo dejamos, después de muchos años de estar presionando el teclado, tarde o temprano, casualmente la producirá"*. No, no tiene lógica. La probabilidad de que el chimpancé componga fortuitamente una obra literaria es cero. Y el que una célula viva se haya formada por procesos casuales es ¡imposible!

En el campo cósmico, y específicamente en nuestro planeta, el que una bella y romántica puesta de Sol en el mar sea resultado de procesos accidentales que operaron a través de millones de años, es otra imposibilidad. Y más grande es la imposibilidad de que procesos accidentales hayan resultado en el ser humano, capaz de apreciar tal belleza y encontrarla romántica.

Razones Por Las Que Muchos Creen En La Evolución

Hay muchos que creen en la evolución pues respetan grandemente la opinión de personas, maestros o científicos que aceptan dicha hipótesis sobre el origen del universo y la vida humana.

Está muy bien respetar a toda persona, pero no es siempre sabio aceptar toda corriente ideológica sin cuestionarla. El ser humano tiene la libertad y responsabilidad de considerar, con juicio crítico, enseñanzas y pensamientos que tienen que ver con su origen; ya que el propósito de nuestra existencia está íntimamente ligado con nuestro origen.

Si nuestro origen es el resultado de procesos accidentales, nuestra vida es entonces un accidente, y no habría propósito para ella.

Un gran número de personas piensa que los maestros que promueven la evolución en las escuelas y universidades han investigado el tema a fondo. Pero éste no es siempre el caso. De hecho, el concepto de la evolución no es simple, abarca un gran número de disciplinas científicas. La evolución, de ser un modelo científico respetable, capaz de explicar el origen del universo y del ser humano, debe armonizar con las leyes de la química, la biología, la geología, la termodinámica y la estadística entre otras disciplinas.

No todos sus proponentes se han tomado el tiempo de investigar los retos que dicha hipótesis enfrenta. Muchos hemos aceptado la evolución sin haber investigado cuidadosamente sus bases. Lo hemos hecho sin haber investigado los criterios, las asunciones o las consecuencias de dicha filosofía.

El autor pensaba en el pasado que "todo el mundo" creía en la evolución. Pensaba que quienes no creían eran únicamente aquellas personas que vivían en sociedades atrasadas. Pero no es así.

En una encuesta Gallup hecha en 1999 en los Estados Unidos, el porcentaje de personas que respondieron creer que Dios creó directamente el universo fue de 47%. Sólo 40% dijo creer que Dios creó el universo por medio de la evolución.

OPINIÓN SOBRE CÓMO SE ORIGINÓ EL UNIVERSO

Encuesta Gallup en los Estados Unidos - Agosto, 1999

	Creado por Dios	Dios lo creó por evolución	Evolución sin Dios	Sin opinión
Porcentaje	~47%	~40%	~9%	~3%

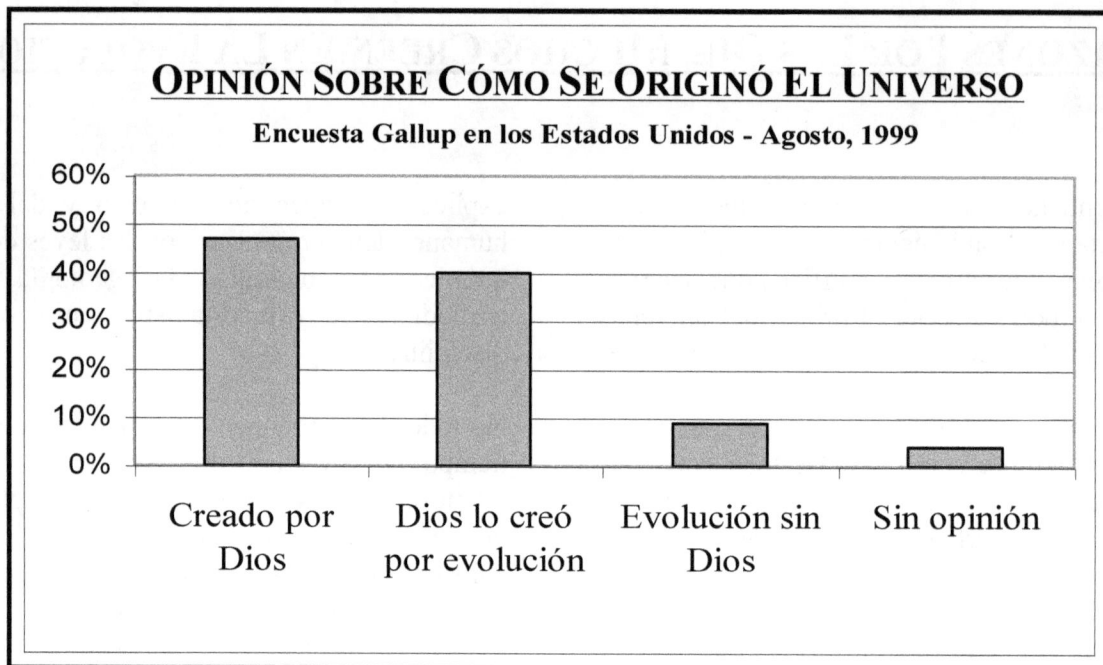

El tema es realmente complejo. Aun dentro de la comunidad universitaria, no todas las personas abrazan la evolución por razones académicas o científicas. Algunas prefieren dicha explicación del origen de nuestras vidas por razones personales.

Si no hay un Creador del universo, y somos resultado de procesos fortuitos, entonces podemos insistir en actuar como nos parezca, y a nadie tendríamos que rendirle cuentas al final de nuestra vida. El atractivo temporal de esta posición es capaz de cegar aun a personas preparadas profesionalmente.

Si al contrario existe un Ser superior, quien ha creado el universo y nuestras vidas con un propósito, entonces el vivir sin respeto y sujeción a dicho Ser traerá consecuencias.

Afortunadamente, como lo discutiremos en la segunda parte de este libro, ese Ser superior nos ha creado con un gran propósito. Conocer y seguir su plan es algo maravilloso, de hecho es la única forma en que podemos realizar todo el potencial para el cual hemos sido creados, y la única manera de disfrutar verdaderamente el propósito de nuestras vidas.

Pero no todos buscan conocer a su Creador. Muchos ignoran a Dios, mientras que otros sostienen posiciones antagonistas o despectivas hacia Él y hacia las enseñanzas de la Biblia, defendiendo tenazmente la evolución como una forma de negarlo, justificando sus conductas. Aprovecho a citar al famoso escritor Isaac Asimov, quien dijo: *"Yo soy ateo, no tengo la evidencia para probar que Dios no existe... pero no deseo perder mi tiempo"*.

Robert Silverberg en su libro "Reloj para las Épocas – Cómo los científicos determinan el pasado" (Clock for the ages – How scientists date the past) escribió "*a fines del siglo XIX solamente los ingenuos y muy devotos encontraron fácil sostener tales ideas* (la creación del hombre en Edén)*"*

La realidad sin embargo, es que se requiere más fe para creer que todo el universo y su complejidad actual es el resultado de una explosión y procesos fortuitos, accidentales; que creer que un Ser inteligente lo creó, formando al hombre en un lugar llamado Edén. De hecho la evidencia natural armoniza grandemente con lo que la Biblia menciona sobre nuestro origen, y los eventos catastróficos del diluvio universal.

El científico Dr. Sten Odenwald, en la sección de preguntas y respuestas encontradas en la página Web de la NASA, nos ayuda a ver, sin ser esa su intención claro está, cuánta fe se requiere para creer en el "Big Bang".

A la pregunta "*¿Qué fue eso que ocasionó el "Big Bang"?"* Su respuesta fue: "*No sabemos. La mejor conjetura es que era un nudo de espacio curvo que se desenmarañó así mismo. No existía la materia como la conocemos en la actualidad. Solamente alguna clase de campo gravitacional puro con una enorme densidad de energía y curvatura*"

A la pregunta "*¿Cómo puede nada hacer algo, mucho menos crear todo un universo?"* En lugar de apuntar a Dios como causa de nuestro universo, contestó: "*No tenemos palabras para describirlo, y las que tenemos que tomar del diccionario están basadas en la percepción física equivocada".* En otras palabras, el "Big Bang" se basa en ideas totalmente alejadas de todo lo que conocemos dentro de las leyes de las ciencias.

Le preguntaron: "*¿Cómo no existía nada antes del "Big Bang"?"* El Dr. Odenwald respondió: "*En cuanto a cómo el universo no requirió necesariamente algo o algún evento antes del "Big Bang" para empezar el proceso, éste podría ser otro ejemplo más de nuestras intuiciones demandando un fenómeno que la naturaleza simplemente no necesitó para realizar la obra*" En otras palabras, nuestras intuiciones, basadas en todo lo que conocemos, son inútiles ante el "Big Bang". Nuestra intuición demanda que todo fenómeno tenga una fuente, pero de acuerdo al Dr. Odenwald, el "Big Bang" no. Realmente ¡se necesita mucha fe para creer en el "Big Bang"!

En cuanto a la evolución teísta, ésta es una perspectiva bastante débil e inconsecuente. En el pasado el autor abrazó esta posición por ser lo que aprendió cuando crecía. Y es que una explicación superficial, sin el debido análisis crítico, puede convencer a cualquier persona; sobre todo si la persona recibe esta enseñanza durante su niñez en la escuela, bajo la autoridad de maestros seculares y religiosos que la presentan, o aprueban, como un hecho que así ocurrió.

Pero la idea de que un Ser inteligente usó procesos fortuitos y accidentales para crear todo el universo maravilloso y complejo, es poco defendible. Es más, un cuidadoso estudio de las Escrituras muestra que los pasajes que hablan respecto al origen de nuestro universo, del ser humano y de la condición de la humanidad, no son compatibles con la evolución.

De acuerdo a la Biblia la muerte es resultado del pecado, es decir, ese rompimiento por parte del hombre de la relación de respeto y comunión que tenía con su Creador. Antes del pecado, el mundo gozaba de un estado perfecto sin enfermedad ni muerte. La muerte es una maldición originada por el pecado del hombre en Edén.

La evolución enseña lo contrario. Según la evolución la muerte ha existido desde el principio, y ha servido para depurar las especies imperfectas, siendo éstas desplazadas por las mejores que han ido apareciendo, entre ellas el hombre. De acuerdo a la Biblia, la muerte es una maldición. De acuerdo a la evolución la muerte es algo bueno, un mecanismo que supuestamente permitió la formación de mejores especies.

Las implicaciones de la evolución, ya sea teísta o atea, son terribles. Sus consecuencias son desastrosas para cualquier sociedad que la abrace. Si bien la evolución teísta aparenta ser una posición iluminada y sabia, no por eso deja de ser un veneno espiritual; de hecho, por su gran sutileza e implicaciones, es muy peligrosa para el alma humana. Si usted cree en la evolución teísta, le invito a que lo considere cuidadosamente.

MUCHOS HAN ABANDONADO LA EVOLUCIÓN

El número de científicos que abandonan la hipótesis de la evolución, aun la evolución teísta, es considerable. La mayoría de ellos empezaron como seguidores de la evolución, pero después de una seria evaluación han optado por rechazarla.

En una entrevista radial conducida por el Instituto de Investigaciones del Creacionismo (Institute for Creation Research) localizado en el sur de California, el Dr. Dimitry Kuznetsov compartió sus pensamientos sobre el tema. El señor Kuznetsov tiene además del Doctorado en Medicina un Doctorado en Ciencias; ha dado conferencias científicas en las prestigiosas universidades de Yale y UCLA en los Estados Unidos, y ha sido ganador del prestigioso reconocimiento "Lenin Comsomol" en el año 1983. Este reconocimiento era otorgado a los dos jóvenes científicos más destacados de la entonces Unión Soviética. Dentro de sus logros académicos está el de haber escrito más de cuarenta artículos técnicos en genética, neurociencia y biología molecular.

El Dr. Kuznetsov, quien nació en una familia atea el año 1955 en Moscú, recibió entrenamiento de postdoctorado en la prestigiosa Universidad de Princeton, en Estados Unidos. Ahí tuvo la oportunidad de conocer por primera vez a científicos serios, y de alto calibre, que creían en el creacionismo. Poco a poco este joven científico, en su inquietud y búsqueda abierta por la verdad sobre nuestro origen, terminó abandonando la evolución y aceptando el creacionismo.

Tal como indicamos, muchos científicos y profesionales han abandonado la evolución pues sus méritos son pobres, y su posición insostenible. En otras palabras, la evidencia física no armoniza con la hipótesis propuesta. En esta sección aprovechamos a dar algunos ejemplos de personas que, desde el punto de vista científico, piensan que el creacionismo es una mejor hipótesis en el tema de los orígenes.

Confiamos en que los ejemplos presentados servirán de confirmación de que es posible ser una persona muy bien preparada profesionalmente, y aún creer en el creacionismo. De hecho, muchas personas han rechazado la evolución gracias a su excelente preparación académica. Ellas han tenido suficiente autoridad profesional para rechazarla desde el punto de vista académico.

Consideremos pues, a continuación, una lista breve de personas e información pertinente. Notemos la diversidad de especialidades académicas y experiencia profesional; así como la reputación de los centros universitarios asociados.

EJEMPLOS DE PROFESIONALES CREACIONISTAS

Dr. Henry M. Morris

Ph.D. en Hidráulica e Hidrología, Universidad de Minnesota, Estados Unidos.

Jefe de departamentos académicos en varias universidades. Presidente fundador del Instituto de Investigaciones del Creacionismo.

Autor y conferencista internacional de renombre sobre el tema de los orígenes.

Dr. A. E. Wilder Smith

Estudió ciencias naturales en Oxford, Inglaterra. Doctorado en Fisicoquímica Orgánica, Universidad de Reading, Inglaterra. Dos doctorados adicionales en Suiza.

Director de Investigación en una compañía farmacéutica en Suiza. Profesor de Farmacología en la Escuela de Medicina de la Universidad de Bergen, Noruega; y en el Centro Médico de la Universidad de Illinois, Estados Unidos.

Autor y coautor de más de 70 publicaciones científicas y más de 30 libros. Sus trabajos han sido traducidos a unos 17 idiomas. Varias publicaciones en el tema de los orígenes. Productor de la prestigiosa serie "Orígenes" (videocasete).

Dr. Duane Gish

Ph.D. en Bioquímica, Universidad de Berkeley, Estados Unidos.

Director Asociado del Instituto de Investigaciones del Creacionismo. Autor y conferencista internacional sobre el tema de los orígenes.

Dr. Walt T. Brown Jr.

Ph.D. en Ingeniería. M.I.T. (Massachusetts Institute of Technology), Estados Unidos.

Profesor universitario en Matemáticas, Física y Ciencias de la Computación. Jefe de Estudios de Ciencia y Tecnología en el Colegio de Guerra Aérea de los Estados Unidos. Profesor Asociado en la Academia de la Fuerza Aérea de los Estados Unidos.

Director de Laboratorios de Investigación, Desarrollo e Ingeniería Benet, en Nueva York, Estados Unidos. Director del Centro de Creacionismo Científico. Autor y conferencista internacional en el tema de los orígenes.

Dr. Gary Parker

Ph.D. en Biología.

Autor de varios artículos y libros de texto en Biología. Autor y conferencista sobre el tema de los orígenes.

Coronel James B. Erwin

Graduado de la Academia Naval de los Estados Unidos. Oficial de la Fuerza Aérea.

Astronauta de la NASA. Exploró la Luna en la misión Apolo 15 en julio de 1971.

Profesor Phillip Johnson

Graduado de las Universidades de Harvard y Chicago, Estados Unidos.

Profesor de leyes en la Universidad de California, en Berkeley, por más de 20 años.

Especialista en el tema de la lógica de argumentos.

Autor y conferencista exponiendo lo inconsecuente de los argumentos en la hipótesis de la evolución.

Dr. Dean H. Kenyon

Ph.D., Profesor de Biología y coordinador del Programa General de Biología en la Universidad Estatal de San Francisco, California, Estados Unidos.

Ha conducido estudios en el Centro de Investigaciones de la NASA-Ames sobre los orígenes químicos de la vida.

Dr. John N. Moore

Ph.D., Profesor de Ciencias Naturales en la Universidad Estatal de Michigan, Estados Unidos.

Autor y conferencista sobre el tema de los orígenes.

Dr. Lawrence O. Richards

Doctorado en Sicología Social, Northwestern University, Estados Unidos.

Ha enseñado en Wheaton College y en la Universidad de Princeton.

Autor prolífico. Sus obras han sido traducidas a unos 17 idiomas. Autor del libro sobre orígenes "No Pudiera Simplemente Ocurrir" (It Couldn't Just Happen).

Muchos científicos han descansado en la autoridad investida por su excelente preparación académica para rechazar la evolución.

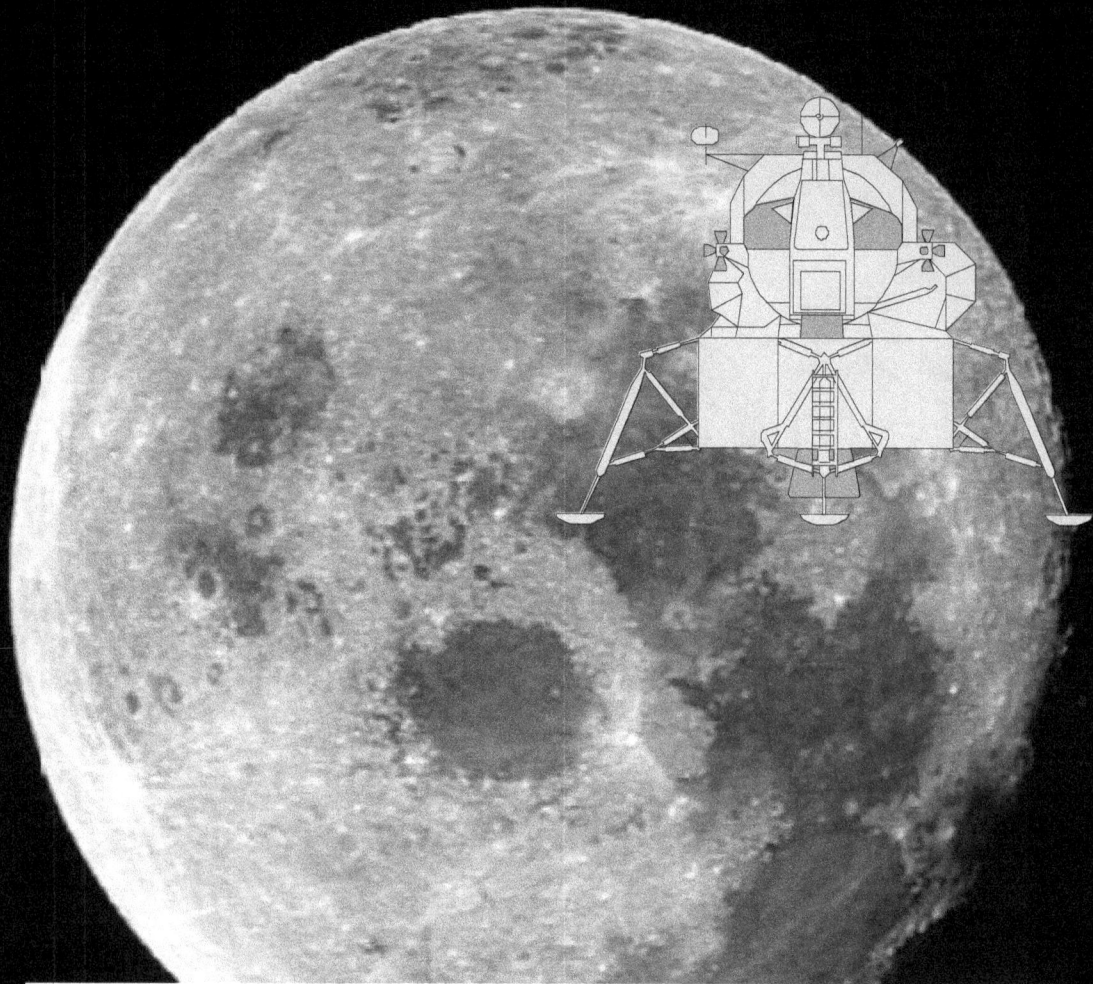

Muchos han rechazado la hipótesis de la evolución por considerar que sus méritos son pobres, y su posición insostenible. Entre ellos, el Coronel James E. Erwin, de la Misión Lunar Apolo 15.

Charles Darwin Y El Origen De Las Especies

El naturalista británico Charles Darwin presentó la hipótesis de la evolución de las especies por selección natural en su libro "Sobre el Origen de las Especies" en el año 1859. De acuerdo a Darwin, la vida animal que nos rodea no fue creada desde el principio en su forma actual; sino más bien, formas imperfectas fueron evolucionando con el tiempo.

¿Cómo ocurrió? Darwin descansó en el concepto de "selección natural" o "supervivencia del más fuerte" para explicarlo. Este mecanismo, en pocas palabras, se basa en que los animales compiten unos con otros por su supervivencia. Aquellos mejor equipados para sobrevivir ante el clima, las otras especies, el tipo y disponibilidad de alimento, así como otros factores del medio ambiente particular, son los que prosperan; los otros desaparecen.

La selección natural es un fenómeno observable e innegable, y explica cómo el medio ambiente favorece unas especies más que otras, pero no explica cómo se desarrollaron las nuevas características. En efecto, Charles Darwin dejó un gran vacío por llenar al no ofrecer un mecanismo que explicara el origen de nuevas características.

Otro vacío que la hipótesis de la evolución no ha podido llenar es el de las especies en transición. Supuestamente hoy en día no vemos especies evolucionando porque el proceso es muy lento, requiriendo millones de años. Pero si la evolución es verdadera entonces el registro fósil debería mostrar especies en transición, y ésa era la esperanza de Darwin. Su hipótesis sería verificada cuando los paleontólogos descubrieran entre los restos de animales fósiles, por ejemplo, algunos animales que estaban en proceso de llegar a ser jirafas, con cuellos medianos; otros con características intermedias entre los reptiles y las aves; otros en transición intermedia entre el mono y el hombre; y así con el resto de las especies.

Bueno, después de ciento cincuenta años de la publicación de Darwin, y de búsqueda desesperada entre miles de millones de fósiles de África y demás continentes, los evolucionistas todavía no han podido encontrar al "eslabón perdido".

Claro, todos hemos oído o leído sobre descubrimientos de fósiles que supuestamente forman parte de la transición entre el mono y el hombre, pero éstos son altamente controvertibles y cuestionables. Muchos de los hallazgos se han descartado ya sea porque la información estaba incompleta y nueva evidencia aclaró que el fósil era el de un animal; o porque se descubrió que el hallazgo era resultado de un engaño como en el caso del "hombre Piltdwon" en Inglaterra. En la mayoría de los casos, las conclusiones son una exagerada proyección o interpretación de la escasa evidencia y pocos restos encontrados.

Charles Darwin

Darwin presentó la hipótesis de la evolución por selección natural en su libro "Sobre el Origen de las Especies" en el año 1859.

La selección natural es un fenómeno real y comprobado, pero no explica cómo se produjeron las nuevas características en las especies que supuestamente fueron evolucionando.

El neodarwinismo propuso que las nuevas características se producen por mutaciones genéticas, acumulativas, a lo largo del tiempo.

Lo que sabemos es que las mutaciones genéticas fortuitas no producen cambios positivos en los organismos vivos. Lo que producen son deformidades y enfermedades, muchas veces letales.

La escasa evidencia no ha sido obstáculo para que los paleoantropólogos den rienda suelta a la imaginación, representando a los supuestos antepasados de la raza humana con la piel cubierta de pelo, como si fueran gorilas, con la expresión de un ser medio bruto medio humano, caminando con la espalda un poco erguida, cargando un garrote en las manos.

En cuanto a los fósiles que todavía no han sido descartados por los evolucionistas, éstos son sumamente subjetivos y especulativos. Los evolucionistas no sólo carecen de un verdadero ejemplar del eslabón perdido para la raza humana, tampoco han encontrado ningún eslabón, o especie en transición, para las demás especies.

Contrario al modelo darwiniano, proponente de que nuevas especies han ido apareciendo con el tiempo a partir de unas pocas, el modelo creacionista insiste en que todas las especies han sido creadas completas desde el principio, cada una diseñada originalmente con abundante información hereditaria, con una base genética extensa, permitiendo que su descendencia pueda exhibir una amplia variedad dentro de la especie.

Así pues se explica, por ejemplo, la gran variedad que existe dentro de la especie canina. En ella encontramos al pastor alemán, chihuahuas, San Bernardos, y coyotes entre otros. Hay diferencias entre ellos, pero todos pertenecen a la especie canina. Al cruzar unos con otros se obtienen variaciones dentro de los límites de la especie, pero no se produce una especie nueva. La selección natural explicaría el que encontremos más San Bernardos que chihuahuas en el Polo Norte, pero no explicaría la evolución del perro. La selección natural no produce, ni jamás ha producido, nuevas especies.

Es importante notar que, de acuerdo al modelo creacionista, lo que observaríamos en un mundo afectado por cambios ecológicos y catastróficos sería el desvanecimiento, no la generación, de nuevas especies. ¡Eso es lo que precisamente observamos en la vida real! De hecho los grupos conservacionistas del medio ambiente luchan en varios países por preservar animales y plantas que se encuentran en proceso de extinción.

El 6 de octubre del año 2000 apareció en la página Web de CNN para maestros un artículo titulado "Grupo conservacionista añade 200 animales a lista de animales en peligro de extinción". La lista incluye once mamíferos, catorce aves y treintiocho reptiles añadidos recientemente. El artículo originado en Suiza indica que según La Unión Conservacionista Mundial ha habido un *incremento dramático en el número de especies amenazadas por extinción*, siendo más de once mil las plantas y los animales que afrontan *un gran riesgo de extinción en el futuro cercano*. Lo que vemos está de acuerdo con el creacionismo, no con la evolución.

El Eslabón Perdido

Después de 150 años de búsqueda, todavía no lo encuentran.

Los hallazgos son altamente controvertibles,

o son un fraude,

o la información es incompleta,

o son una interpretación exagerada de la evidencia.

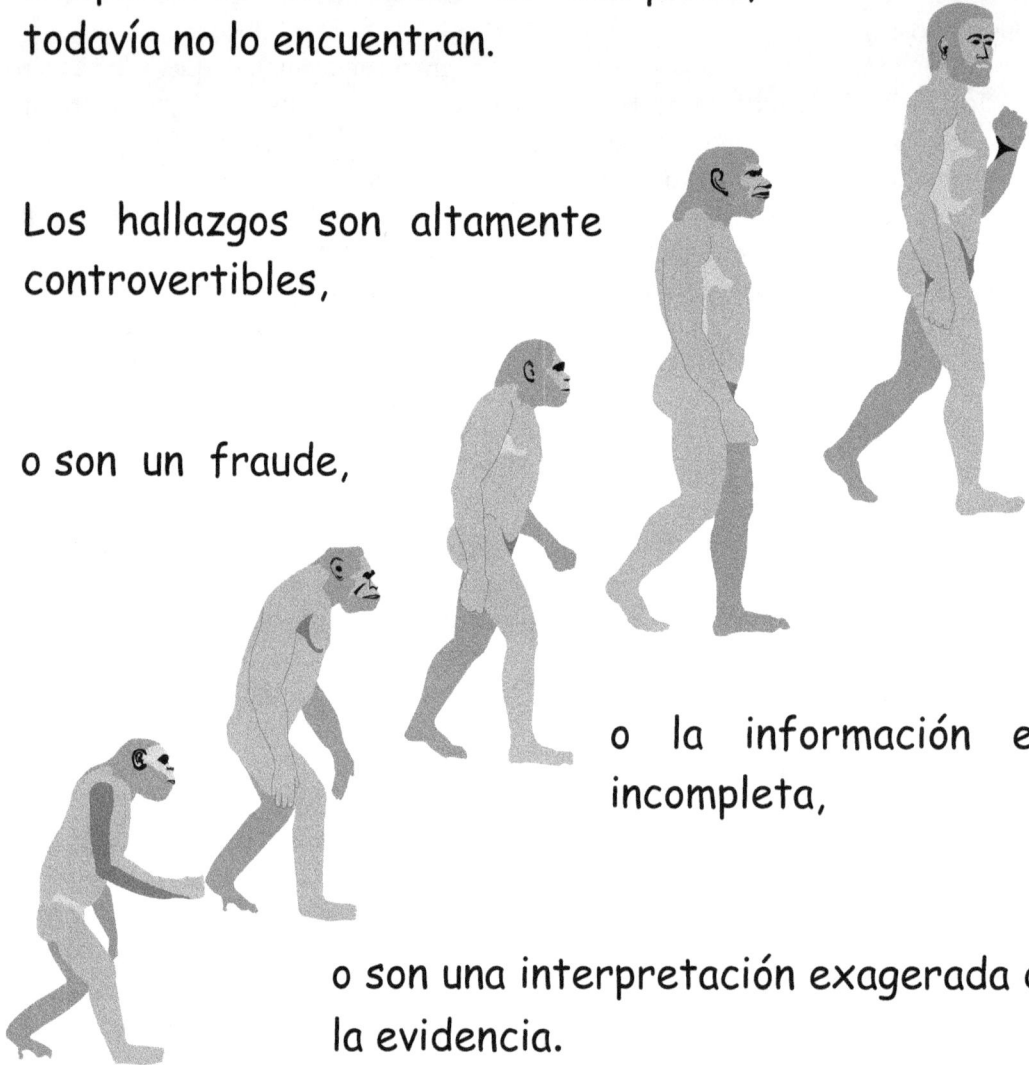

Variedad En La Naturaleza

Cada especie fue creada con suficiente información hereditaria para permitir una gran variedad dentro de ella. El medio ambiente influencia las variedades que habitan en un área geográfica determinada. Aquellas cuyas características son compatibles con el medio ambiente son las que prosperan en dicho lugar. La selección natural es precisamente eso, selección, no evolución de una especie a otra.

Aparecimiento De Nuevas Características

¿Cómo aparecieron las nuevas características si la evolución es cierta? ¿Qué explicación dan los proponentes de la evolución?

La pangénesis, una hipótesis desacreditada en el mismo siglo XIX y de origen muy antiguo, proponía que las células de las diversas partes del cuerpo producían ciertas sustancias, las cuales transmitían las características respectivas de esa parte del cuerpo, de los padres a los hijos. Estas sustancias representativas, llamadas pangenes, eran supuestamente transportadas por la sangre hacia los órganos reproductores, para así ser transmitidas a la prole. Así se explicaba pues como los hijos heredaban las características de los padres.

Darwin combinó la idea de pangenes con la de que los animales podían heredar características adquiridas. Por ejemplo, si un animal tenía que estirar su cuello frecuentemente para alcanzar las hojas de los árboles, su cuello se iría alargando con el tiempo. Esta característica adquirida sería entonces transmitida a los hijos por pangenes, de manera que generaciones sucesivas exhibirían gradualmente cuellos más largos que las primeras.

Sabemos que Darwin estaba equivocado. Como diría el levantador de pesas a su hijo: *"Lo siento hijito, pero ahora te toca a ti sudar también si quieres tener músculos como los de tu padre"*.

Darwin no sólo se equivocó en esto, sino que tampoco explicó el aparecimiento de características totalmente nuevas. Por ejemplo, si la evolución de las aves a partir de los reptiles es cierta, ¿cómo se convirtieron sus escamas en plumas? Ante este vacío, ante la falta de explicación adecuada al aparecimiento de nuevas características, el neodarwinismo propuso que las especies van adquiriendo nuevas características gracias a cambios genéticos sucesivos. Estos cambios genéticos se conocen como mutaciones genéticas.

Las mutaciones genéticas son reales y observables. Estas son causadas por materiales radioactivos, radiación cósmica, sustancias químicas y otros factores capaces de alterar nuestros genes. Los genes son las entidades moleculares, identificadas en el siglo XX como las responsables por transmitir las características hereditarias de los padres a sus hijos.

De acuerdo a los proponentes modernos de la evolución, cada nueva especie se ha ido produciendo y definiendo gracias a una serie de mutaciones genéticas, consecutivas y en la misma dirección; donde los cambios son complementarios, acumulados a lo largo de varias generaciones. De acuerdo a este modelo de orígenes, si bien las mutaciones desventajosas conllevan a la extinción de ciertas especies, las mutaciones favorables son las que resultan en la formación de las nuevas.

Los proponentes del neodarwinismo persisten en su modelo por carecer de una mejor explicación que excluya la posibilidad de que un Diseñador haya creado un sistema ordenado, con todas las especies actuales, desde su principio. La realidad, sin embargo, es que las mutaciones genéticas son negativas. Nadie en su sano juicio se alegra si el doctor le anuncia que su bebé que está por nacer, trae una mutación genética. De hecho, las mutaciones genéticas se conocen por las enfermedades que causan.

Esta es la realidad que observamos: ¡Las mutaciones genéticas son una desgracia no una ventaja! Consideremos por ejemplo el accidente nuclear de Chernobyl, ocurrido en la entonces Unión Soviética. En el área afectada por la radiación se produjeron animales con defectos biológicos monstruosos, animales con menor oportunidad de sobrevivir que los normales. La radiación, y su impacto en la vida animal, no fueron una bendición que resultara en mejoramiento del ambiente y prosperara la vida.

El neodarwinismo no ofrece una alternativa lógica al creacionismo. Pensándolo bien, es difícil aceptar que el ojo se produjo como resultado de mutaciones genéticas sucesivas, todas en una misma dirección, cada mutación siendo constructiva y complementaria al cambio anterior; todo accidentalmente, hasta llegar a formarse la maravilla del ojo humano. ¿Será posible que el órgano de la vista, con su ingenioso lente orgánico, su diafragma para regular la cantidad de luz que entra, receptores de imágenes, transmisores e interpretadores de la imagen, músculos para mover el ojo adonde se necesite mover, y párpados para protegerlo, es resultado de mutaciones accidentales? ¡Imposible!

Si un reptil naciera con escamas deformes, y piernas en proceso de convertirse en alas estaría en una tremenda desventaja. Sus patas, anormales y torpes, no serían de mucha ayuda para caminar o huir de otros animales. Pobre animal, sería digno de lástima y presa fácil de otros. Efectivamente, cualquier cambio genético que represente una desviación fundamental del diseño original de una especie sería destructivo.

Varios proponentes de que el universo y la vida en la Tierra se formaron mediante procesos evolutivos, sin la intervención de un Ser superior, reconocen que el registro fósil no muestra especies en transición. Ante la ausencia de tal evidencia fundamental para la evolución, algunos han propuesto nuevas hipótesis, entre ellas la de "evolución saltacionista" y "equilibrio puntuado".

De acuerdo a la evolución saltacionista la evolución ocurrió a saltos, gracias a reorganizaciones dramáticas del código genético, sin dejar especies intermedias. Según la hipótesis del equilibrio puntuado las especies tampoco evolucionaron gradualmente, sino mediante cambios bruscos y sucesivos, pasando por formas intermedias inestables, hasta llegar a especies estables. Las especies inestables, aparentemente por su descendencia limitada, no dejaron evidencias fósiles. En otras palabras, la falta de evidencia de especies en transición se usa como argumento para respaldar la nueva hipótesis: ¡Una estrategia de poco peso científico!

Los Cambios Fortuitos Serían Debilitantes

Si un reptil naciera con escamas deformes y piernas en proceso de convertirse en alas, sería muy torpe y estaría en tremenda desventaja.

Sus piernas no le servirían ni para caminar ni para volar.

Dicha criatura no podría escapar fácilmente de sus enemigos, y sería extinta rápidamente.

Cualquier cambio genético que represente una desviación fundamental del diseño original de una especie sería destructivo.

El Dr. Gary Parker comenta sobre dicha hipótesis en el libro "¿Qué es el Creacionismo Científico?" (What is Creation Science?): *"Este concepto nuevo de la evolución está basado en la ausencia de fósiles, y en mecanismos genéticos que nunca han sido observados. El caso de la creación está basado en miles de toneladas de fósiles que se han encontrado y en mecanismos genéticos que observamos y ponemos en práctica cada día".*

Las palabras del Dr. Parker tienen mucho sentido. Los fósiles que encontramos son especies completas, no en transición, y esto es lo que esperaríamos ver si el creacionismo es verdadero. Si la evolución fuese verdadera entonces todas las especies estarían en proceso de transición, con órganos o miembros no funcionales, en vías de cambio. Esto no es lo que la evidencia fósil respalda. El modelo que la evidencia respalda es el de la creación.

INCLINACIÓN RELIGIOSA DE LOS EVOLUCIONISTAS

Si usted cree que los proponentes de la evolución son personas exclusivamente científicas sin influencias religiosas, vale la pena que lo reconsidere, pues no es el caso.

La publicación de la revista "Discover" del mes de mayo de 1993 publica un artículo sobre la evolución. La persona entrevistada es Elisabeth Vrba del Departamento de Geología y Geofísica de la Universidad de Yale. Ellen Rupell Shell, la entrevistadora, menciona que *"Vrba es bióloga y paleontóloga por entrenamiento, y una proponente de teorías evolucionistas por inclinación".* Es decir, la profesora Vrba busca proponer modelos teóricos que mejor expliquen la evolución de la vida, la cual ella considera que es la única explicación a los orígenes de la vida, la única explicación que ella acepta por inclinación. ¿Qué inclinación o influencia? Inclinación por fe, no por comprobación científica, apoyando su modelo en las enseñanzas del hinduismo.

Según el artículo mencionado, la profesora Vrba trabaja en un área *"en que la evidencia es escasa y las hipótesis son fuertemente abrazadas..."* Un verdadero dictamen a la evolución. El artículo hace mención que la hipótesis que abrazó Darwin, de que los seres vivos fueron evolucionando lentamente, *"no concordó con el registro fósil, el cual mostró que algunas especies permanecieron iguales por millones de años, y luego fueron repentinamente transformadas en criaturas nuevas".* En otras palabras, la señora Vrba reconoce que el registro fósil no muestra formas en transición para algunas especies. De hecho no se han encontrado eslabones para ninguna especie.

Brecha Entre Las Especies

En vista de las brechas entre las especies mostradas por el registro fósil, el Dr. Henry Morris declara: *"Los evolucionistas tienen que tratar de explicar la brecha (falta de formas de transición - eslabones perdidos) entre las especies, mientras que estas brechas son las que precisamente predicen el modelo creacionista".*

★

Ningún Ejemplo De Evolución

El profesor Steven M. Stanley, paleontólogo de la Universidad John Hopkins, Estados Unidos, declara: *"El registro fósil conocido falla en documentar tan sólo un ejemplo de evolución ... que logre una transición morfológica importante, y por lo tanto, no ofrece evidencia de que el modelo gradualista sea válido".*

Nuevas Hipótesis De La Evolución

Debido a la ausencia de especies en transición algunos proponen nuevas hipótesis cargadas de gran imaginación, entre ellas la llamada hipótesis del "equilibrio puntuado".

De acuerdo a dicha hipótesis las especies experimentaron cambios enormes y bruscos, no paulatinos.

De reptil a ave ¡en un par de saltos!

Supuestamente las especies intermedias, por ser inestables, desaparecieron rápidamente sin dejar rastro de ellas.

La falta de evidencia de especies en transición se usa como argumento para respaldar la hipótesis propuesta.

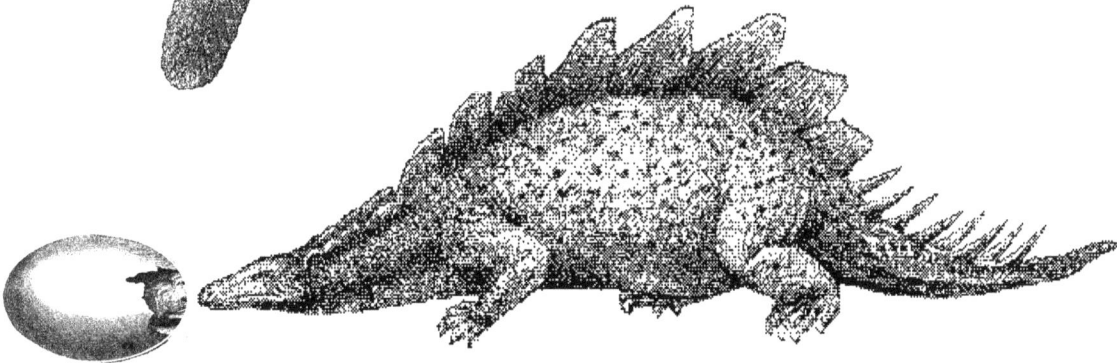

Lo que la profesora Vrba propone ante la falta de fósiles es su hipótesis del "pulso que voltea" (Turn Over Pulse). Ella expone que los hindúes creen *"en tres deidades – Brahma el creador, Vishnu el preservador, y Siva el destructor... las especies pueden seguir uno de esos tres caminos... Algunos grupos, siguiendo el camino creativo de Brahma, se separan para formar especies nuevas y más adaptables, ellas desarrollan por ejemplo la habilidad de vivir en el pasto... otras especies migran, como siguiendo a Vishnu, no a mejores pastos pero a lugares forestales. Y las especies que se voltean de esos caminos tienen una sola alternativa: caer en los brazos de Siva el destructor, apagándose en extinción".*

"Lo que la teoría de pulso sugiere es que la muerte es el otro lado (la otra cara de la moneda) *de la creación* (es decir, la fuerza creativa de la evolución)... *La naturaleza está empujando a estas criaturas hacia el filo del cuchillo, y es una situación apretada en cuanto a que ellas mueran o se conviertan en algo nuevo y diferente".*

Qué increíble que esta manera de pensar sea originada y reconocida en uno de los más altos establecimientos científicos de los Estados Unidos, mientras que un modelo más lógico como el del creacionismo sea rechazado por considerarse religioso. ¡Gran inconsecuencia!

El profesor de biología Dean H. Kenyon de la Universidad Estatal de San Francisco hizo el siguiente comentario sobre el excelente libro "¿Qué es el Creacionismo Científico?" (What is Creation Science?) escrito por los profesores Dr. Henry M. Morris y Dr. Gary H. Parker: *"Si después de leer cuidadosamente este libro y reflexionar en sus argumentos, uno prefiere todavía el punto de vista de la evolución, o todavía insiste que la posición creacionista es religión, y la evolucionista, ciencia pura; se debería preguntar a sí mismo si algo más que los hechos* (evidencias) *de la naturaleza están influenciando su pensamiento sobre los orígenes".*

<u>El Maravilloso Diseño De La Vida</u>

¿Tienen las piedras y los átomos vida? ¿Hay vida en los elementos de la tierra, el hierro, el potasio, el carbón? ¿Qué es la vida?

Bueno, por lo menos sabemos que las piedras no tienen vida, tampoco los átomos.

Aunque la vida está hecha por átomos y moléculas, éstos no tienen vida por sí mismos.

Hay distintos tipos de vida. Existe lo que se conoce como el reino vegetal, donde la vida se expresa en forma de plantas, flores, árboles, y formas similares. Luego existe el reino animal, donde tenemos formas de vida superiores a las plantas; seres vivos creados con instintos, capaces de moverse por sí mismos. Finalmente, en un orden especial, tenemos al ser humano; consciente de su propia existencia; con un cerebro superior al de cualquier animal; un ser de gran creatividad, capaz de pensar ideas nuevas y complejas, consciente del universo en el cual ha sido puesto; un ser que no sólo se preocupa por sobrevivir; sino también por la razón de su existencia.

Aunque externamente la vida presenta grandes contrastes y diverso potencial de desarrollo, lo increíble es que todos los seres vivos comparten un diseño conceptual común. Toda forma de vida en nuestro planeta, ya sea un tomate, o un chimpancé, o el ser humano, todas ellas están codificadas de la misma manera; todas descansan en un mismo programa biológico complejo, brillante y genial.

El concepto detrás del diseño de la vida es el mismo, hay una molécula que se llama el ADN (ácido desoxirribonucleico) la cual es responsable para producir ya sea un frijol o al hombre. Dicha molécula lleva toda la información necesaria para definir los detalles del ser vivo, desde los más grandes a los más pequeños; ya sea el número de miembros que tendrá, la forma de sus orejas o el color de la piel.

La molécula del ADN, la cual tiene la forma de una escalera en espiral, no es una molécula común. Sus lados están formados por dos moléculas distintas, seguidas una de la otra, repitiéndose a lo largo de cada lado de la escalera. Para aquellos que disfrutan la química, les interesará saber que una de las moléculas es un fosfato, la otra un azúcar, desoxirribosa.

Entre los lados de la escalera, hay peldaños o escalones. Cada uno formado por dos moléculas unidas entre sí, y en cada extremo, a cada lado de la escalera, unido al azúcar.

Las dos moléculas unidas para formar el peldaño son distintas. Para simplificarlo diremos que estas dos moléculas pueden ser la molécula A y la molécula T, pero también existe otra combinación de moléculas que pueden formar el escalón, las moléculas C y G. En otras palabras, los peldaños pueden ser AT, o CG; o también TA y GC; dependiendo de su orientación en la escalera. Notemos que la molécula A siempre va unida a la T, y la C a la G.

Si este diseño general es el mismo para todos los seres vivo, entonces, ¿qué distingue un ser vivo de otro? ¿Qué hace que un tomate sea un tomate y no un pez? La diferencia la hace la combinación de los distintos peldaños, su secuencia específica.

Una sección en la escalera puede estar formada por ejemplo, por los peldaños AT, GC, GC; mientras que otra por los peldaños CG, TA, AT. Cada grupo de tres peldaños es el código usado para producir los aminoácidos necesarios para la célula. Secciones determinadas y más largas, de varios peldaños, definen las características específicas del ser vivo. Estas secciones se conocen con el nombre de genes. Ellos son el código responsable de la formación de las proteínas necesarias para la vida, y son los vehículos de las características hereditarias de los seres vivos; ya sea una flor o un lagarto.

La Molécula Del ADN

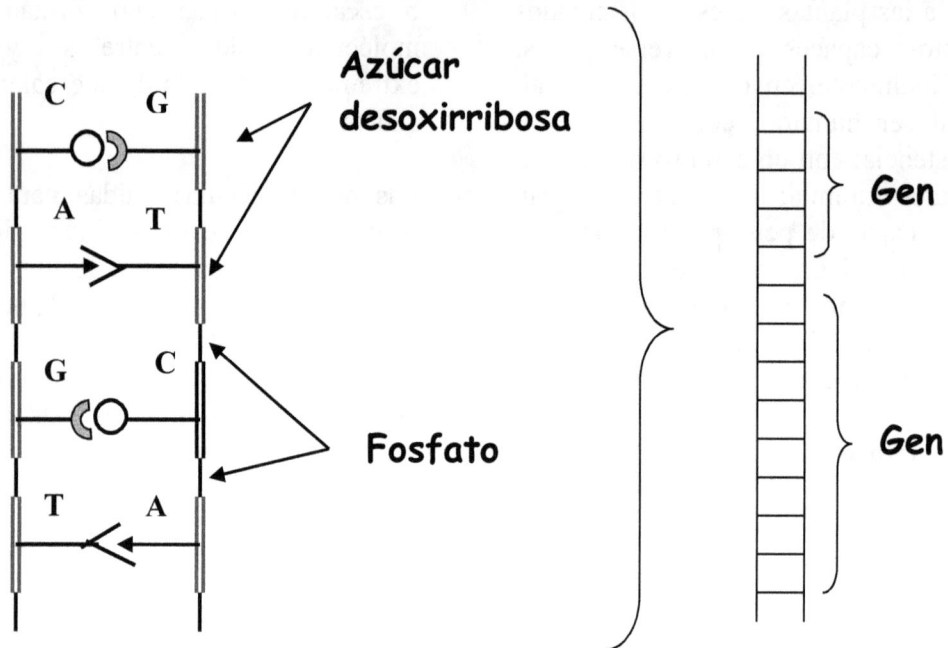

Azúcar desoxirribosa

Fosfato

Gen

Gen

C   G

A   T

G   C

T   A

En el ser humano el material de ADN contiene unos 50,000 genes distintos, los cuales no habían sido identificados sino hasta el año 2,000 gracias a un ambicioso proyecto de investigación moderno.

El número y tamaño de los genes varía con las especies, pero el concepto es el mismo. El diseño es universal para todos los seres vivos. Lo que identifica la especie, distinguiéndola de otras, es la secuencia específica de los peldaños. Una secuencia determinada es responsable por la formación de un tomate, otra por la formación del ser humano. Esta secuencia es sumamente importante y crítica, pues un error en ella puede ser fatal.

Es importante entender que no existe una disponibilidad intrínseca en la materia para organizarse, por sí misma, en peldaños, de acuerdo a secuencias que resultan en formas completamente funcionales. Las secuencias no son casuales. La primera secuencia de cada especie tuvo que haber sido establecida por un Ser inteligente.

Diseño Universal De La Vida

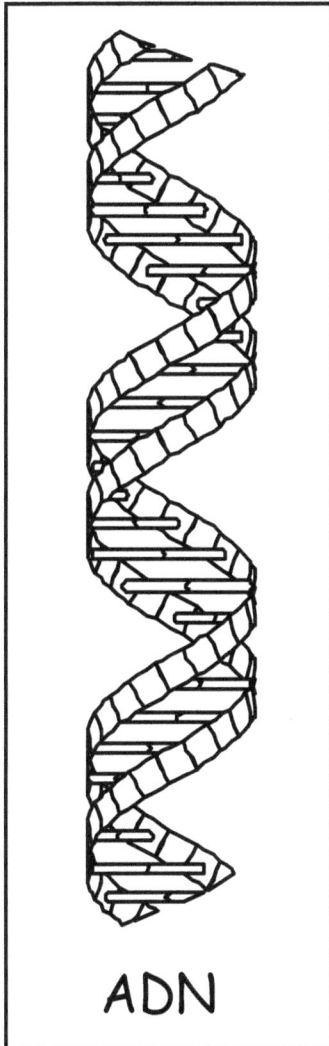

¿Qué hace que un tomate sea un tomate y no un pez? La diferencia la hace la secuencia específica de los peldaños.

No existe una disposición interna de los peldaños para organizarse en cierta secuencia.

Las secuencias no pudieron haber sido casuales. Tan sólo un error en la secuencia podría ser fatal para la especie.

La primera secuencia de la molécula del ADN tuvo que haber sido establecida por un Ser de increíble inteligencia y sabiduría.

ADN

El periódico californiano "The Orange County Register" publicó en su edición del 27 de mayo de 1990 un excelente tratado sobre el ADN y la célula. Dicho artículo menciona que, después de 10 años de investigación intensa, los científicos descubrieron el gen defectuoso que causa la fibrosis quística, una enfermedad que aflige a uno de cada 2,000 niños.

El reporte menciona que la proteína producida por el gen defectuoso tiene tan sólo un error en la posición 508 de las 1,479 moléculas de aminoácidos que la forman. Podemos observar cómo tan sólo un error genético es causa de tan gran catástrofe para la persona que lo sufre.

Tan Sólo Un Error

Basta un sólo error genético para sufrir grandes consecuencias negativas.

Un error en la posición 508 de las 1,479 moléculas que forman cierta proteína es el causante de la fibrosis quística.

Sólo un ser inteligente pudo haber ideado y establecido un código tan increíble y sofisticado, diseñado de los mismos elementos en un ambiente común; un código que expresa y guarda las instrucciones que forman cada especie.

El código de la vida es algo así como el código Morse, que se basa en la combinación de sonidos cortos y largos para describir letras, las letras combinándose en palabras, y éstas en frases que transmiten pensamientos e ideas.

En el ADN, en lugar de la combinación de sonidos cortos y largos como en el código Morse, se usa la combinación de seis moléculas primordiales: el fosfato, el azúcar desoxirribosa, y las moléculas A, T, G y C. Ellas son los elementos que forman el código de instrucción que formará cada ser vivo.

En la molécula del ADN lo que se transmite es toda la información compleja y necesaria para la construcción de un ser viviente, ¡algo realmente increíble! ¿Resultado de accidente? ¡No!

El pensar que el ADN es resultado de procesos casuales es un gran insulto a su Diseñador, y a la capacidad de razonamiento del ser humano.

Una vez más, para quienes les gusta la química, les agradará saber que las moléculas A, T, G y C son las bases adenina, timina, guanina y citosina respectivamente.

¿Qué define la vida biológica entonces? La vida no se encuentra en los átomos; la vida es resultado de átomos y moléculas organizadas inicialmente en formas complejas, de manera de constituir organismos reproductivos.

El código está en la molécula del ADN. Pero esto sólo es una parte de la explicación lógica y científica de la gran maravilla de la vida. Los conceptos y los procesos químicos utilizados para interpretar la información del ADN y convertirla en aminoácidos y proteínas para formar las células son absolutamente grandiosos.

La Vida

La vida no se encuentra en los átomos. La vida es resultado de átomos y moléculas organizadas inicialmente en formas complejas, de manera de formar organismos reproductivos.

EL MARAVILLOSO DISEÑO DE LA CÉLULA

Los organismos vivos están formados por una (unicelulares) o más células; las cuales están integradas por sustancias químicas, organizadas en formas muy complejas.

El ser humano en el momento de la concepción está formado por una sola célula, la cual se duplica y vuelve a duplicar, poco a poco formando así las distintas células que van definiendo las diversas partes del cuerpo. Todo el diseño e información requeridos para formar las distintas células, tejidos y órganos; toda la información requerida para formar el cerebro, el corazón y demás partes del cuerpo humano; toda la información requerida para definir el color de los ojos, el tono de su voz y demás características físicas están ahí, en la primera célula; más compleja que el sistema más complicado y moderno diseñado por el hombre.

A Partir De Una Célula

El cuerpo humano, una creación de gran maravilla y complejidad. Y todo a partir de una célula.

El núcleo de la célula es su centro, de gran diseño, el cual incluye complejas proteínas y cromosomas, cada cromosoma conteniendo material de ADN, descrito anteriormente.

Una vez más, el ADN y la secuencia de sus escalones es vital. Ella contiene el código, o clave, que provee la información química necesaria para fabricar las proteínas requeridas para formar el organismo vivo.

Aun la célula más sencilla contiene unas ciento veinticuatro proteínas esenciales, cada una hecha de unas cuatrocientas moléculas, escogidas de entre los veinte distintos aminoácidos esenciales. Unas proteínas tienen más moléculas, otras menos.

A continuación presentamos un esquema simplificado de la célula y su núcleo, en donde se encuentra el ADN.

El Núcleo En La Célula

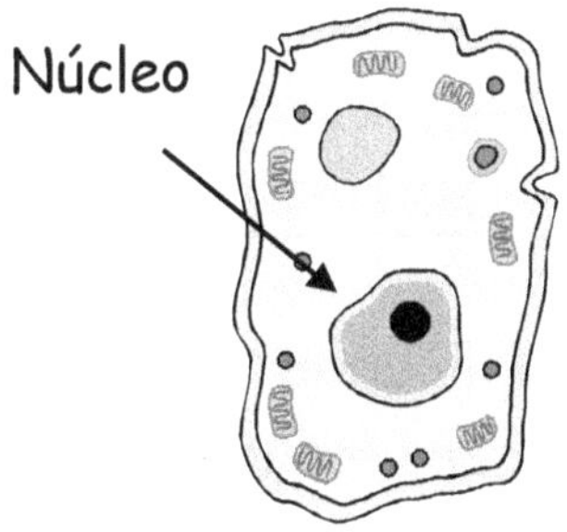

Núcleo

La Célula

La información completa, necesaria para la formación de todo el ser humano, está contenida en la molécula de ADN, encontrada en el núcleo de la célula.

El ADN lleva la información que define el color de la piel del individuo, la forma de su nariz, el color de sus ojos, y todos los demás atributos que lo diferencian de los demás seres humanos.

Para apreciar un poco más el maravilloso diseño de la vida, la célula y el ADN, entendamos que la molécula específica de ADN en el ser humano es la misma en cada una de sus células; ya sea en las células del cabello, o las células de la piel, o de los músculos, los huesos o el corazón.

La primera célula, formada por el óvulo fecundado, se duplica, para luego cada una de ellas volverse a duplicar. Pronto las moléculas de ADN desactivan la mayoría de los genes, excepto ciertos genes requeridos para formar ciertas células específicas. De esa manera se originan, por ejemplo, las células que forman los músculos. En otras moléculas se desactivan todos los genes excepto aquellos responsables por generar las proteínas que originan las células de la sangre. De una sola célula, se forman pues todas las distintas células del cuerpo humano, un total de aproximadamente diez billones de células (10,000,000,000,000).

¿Y cómo se heredan las características del padre y la madre? Bueno, el óvulo de la madre viene con veintitrés cromosomas, y el esperma del hombre trae también veintitrés cromosomas complementarios al momento de la concepción. De esta manera la nueva vida es integrada por materia genética del padre y la madre, materia que define las características del nuevo ser humano.

Formación De Distintas Células

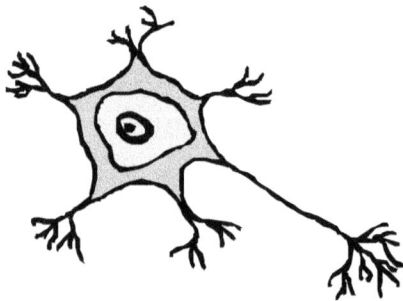

Cuando se van duplicando las células, a partir de la primera célula producida durante la concepción, unas desactivan ciertos genes del ADN para producir cierto tipo de células, otras desactivan otros genes, para producir otro tipo de células.

Así se forman las distintas células, las del corazón, las del cerebro, las células de la sangre, y todas las demás que forman los diversos sistemas del cuerpo humano.

La célula, aun la célula más sencilla, es un milagro increíble de la ingeniería más avanzada que el hombre conozca, un exquisito e increíble diseño de gran complejidad.

La verdad científica no está limitada al campo de la filosofía materialista. La búsqueda de la verdad debe incluir toda la verdad, aun si ésta apunta a la existencia de un Ser superior, como la mejor explicación y causa de los diseños complejos que vemos en el mundo de la célula, y del universo en que vivimos. No nos dejemos engañar, pues, mediante hipótesis sobre orígenes que están dominadas por posiciones filosóficas, no científicas, tal como la evolución.

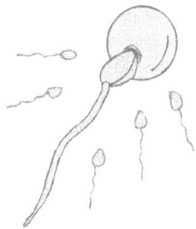

Características Heredadas Por Los Hijos

Todas las características hereditarias son llevadas en los genes del padre y de la madre, contenidos en los cromosomas del óvulo y del esperma, los cuales se unen en la concepción.

PROBABILIDAD DE FORMACIÓN DE PROTEÍNAS VITALES

En su famoso experimento, Stanley Miller hizo pasar amoníaco (NH_3), hidrógeno (H_2), vapor de agua (H_2O) y metano (CH_4) por una descarga eléctrica, obteniendo una mezcla de aminoácidos, los bloques que constituyen las proteínas.

El experimento de Miller descansaba en la hipótesis de que la atmósfera primitiva de la Tierra fuera químicamente reductora, sin oxígeno y formada por los gases incluidos en su experimento. Su propósito era demostrar que la existencia de aminoácidos y proteínas de la vida se debía exclusivamente a reacciones químicas naturales. En otras palabras, la vida no necesitó de la intervención directa de un Ser superior. El esfuerzo aparentó ser un éxito.

Pero la realidad es que el experimento produjo un serio problema para la evolución. Y es que los aminoácidos que forman las proteínas de la vida tienen que ser todos levógiros, es decir, sólo del tipo que gira la luz polarizada hacia la izquierda. Los aminoácidos dextrógiros, que giran la luz polarizada a la derecha, son destructivos e impedirían la formación de proteínas capaces de formar células vivas.

Un proceso fortuito, donde se encuentran las moléculas apropiadas para formar aminoácidos, produciría una mezcla de aminoácidos 50% levógiros y 50% dextrógiros. Ése fue exactamente el resultado del experimento de Miller, una mezcla destructiva, 50% levógira y 50% dextrógira; una mezcla imposible de generar células vivas.

El Dr. Richard Bliss en su libro "Orígenes: ¿Creación o Evolución?" (Origins: Creation or Evolution) menciona la imposibilidad de que se formen por accidente las proteínas necesarias para formar una célula viva.

La probabilidad de que se formen 124 proteínas vitales; cada una constituida por un promedio de 400 moléculas de aminoácidos todos levógiros; de manera de formar una célula viva; es calculada en forma simplificada a continuación:

1. La probabilidad de que dos aminoácidos levógiros se unan dentro de una mezcla 50% levógira, 50% dextrógira es: $1/2 \times 1/2 = 0.25$.

2. La probabilidad de que una cadena de 400 moléculas de aminoácidos, todos levógiros, haya sido formada a partir de dicha mezcla, sería: $1/2 \times 1/2 \ldots.400$ veces. Es decir: $1/2^{400}$; ó $1/10^{120}$.

3. La probabilidad de que se formen 124 proteínas, todas formadas de aminoácidos levógiros; en la mezcla anterior sería: $(1/10^{120}) \times (1/10^{120}) \times (1/10^{120})\ldots$ 124 veces. Es decir: $1/(10^{120})^{124}$ ó $1/10^{14,880}$.

Si la posibilidad fuese una en un millón, sería $1/10^6$; una en 1 seguido de 6 ceros. Pero el resultado anterior no es uno en un millón; sino uno en 1 seguido de 14,880 ceros. Es decir, el que 124 proteínas necesarias para formar la célula más sencilla se haya producido por accidente es ¡una imposibilidad!

4. Si asumimos que los aminoácidos levógiros tienen 99% de preferencia de unirse con levógiros, la probabilidad sería todavía mínima; tal como calculamos a continuación:

i) La probabilidad de que dos moléculas unidas sean levógiras sería: $0.99 \times 0.99 = 0.98$.

ii) La probabilidad de que la cadena de 400 sea de aminoácidos exclusivamente levógiros sería: $(0.99)^{400}$ ó $1/10^{1.7}$

iii) La probabilidad de 124 proteínas formadas de aminoácidos levógiros sería: $1/(10^{1.7})^{124}$ ó $1/10^{210}$. Es decir una en 1 seguido de 210 ceros. ¡Imposible!

5. Para tener idea de lo pequeño e improbable que es $1/10^{210}$, comparemos esta cifra con otras:

i) Si la edad del universo es de treinta mil millones de años (30,000,000,000), como han llegado a proponer algunos adeptos a la evolución, ésta sería equivalente a 10^{18} segundos.

Supongamos que alguien hubiera tomado una foto cada segundo desde el inicio del universo, durante los treinta mil millones de años de su asumida existencia; y luego hubiera mezclado todas las fotos. La probabilidad de que alguien – con los ojos vendados – escoja la foto correspondiente a un evento en particular, sería $1/10^{18}$. Esta probabilidad es mucho, pero mucho mayor, que la probabilidad de la formación de 124 proteínas necesarias para tan sólo una célula ($1/10^{210}$).

ii) El número de granos de arena en las playas de nuestro planeta es innumerable. Si marcáramos uno de ellos, y luego lo escondiéramos debajo del mar; la probabilidad de que alguien que no nos vio, escogiera el grano de arena que nosotros escondimos, es mucho mayor que la probabilidad de formar fortuitamente las proteínas necesarias para formar una célula viva.

Otro problema grave con la hipótesis de que la atmósfera original era una atmósfera químicamente reductora, sin oxígeno; es que entonces la Tierra hubiera estado desamparada ante el bombardeo de rayos cósmicos, los cuales hubieran destruido cualquier principio de vida en la Tierra.

Una vez más, lo que la evidencia nos enseña es que el orden y funcionamiento de los sistemas vitales de nuestro mundo, no pudieron haber sido originados inicialmente mediante procesos fortuitos. Ellos son el resultado de un plan, diseño y propósito específicos.

La Termodinámica Dice "No" a La Evolución

La termodinámica es una ciencia que estudia las relaciones entre el calor y otras formas de energía. La segunda ley fundamental de esta ciencia, la ley de la entropía, dice que los sistemas, si se dejan que sigan su curso natural, sin la intervención humana, van de orden a desorden, de estados improbables e inestables a estados probables y estables. Esta ley es universal, y su aplicación es práctica y objetiva.

Dicha ley tiene aplicación a lo que acabamos de discutir, confirmando que un sistema altamente organizado y complejo como la célula, no se pudo haber formado originalmente a partir de una mezcla desordenada de sustancias químicas.

Si la evolución fuese cierta, si la primera célula se formó casualmente, sin la intervención externa de un ser inteligente, entonces la segunda ley de la termodinámica ha fallado.

Pero no es así, sabemos que la segunda ley de la termodinámica no ha fallado, por lo que se sigue aplicando en todos los campos científicos, excepto en el campo especulativo de la evolución.

Lo que ocurre es que la evolución, como lo menciona el Dr. Lawrence Richards, es una "teoría gobernante". En otras palabras, los evolucionistas han decidido excluir la posibilidad de que un Ser inteligente haya diseñado y formado las primeras células de cada ser viviente. Ellos han decidido excluir la posibilidad de que el orden cósmico que favorece la vida en la Tierra sea resultado de un diseño delicado y brillante. Una vez tomada dicha posición, la única alternativa que queda es que el orden que vemos resultó accidentalmente. Esto es una clara contradicción a la ley de entropía.

Los evolucionistas siguen aferrados a su concepto, ignorando toda evidencia que refuta su posición, esperando algún día hallarle solución a las muchas contradicciones que se han planteado. Ellos creen que es sólo cuestión de tiempo, ¡supuestamente su hipótesis es verdadera!

El proceso intelectual seguido por los evolucionistas es contrario al pensamiento científico, el cual se basa en la observación objetiva y la experimentación. La evolución se ha convertido en una hipótesis gobernante, lo que gobierna y manda es la hipótesis, no la evidencia científica.

LOS SISTEMAS INTEGRADOS DICEN "NO" A LA EVOLUCIÓN

No es necesario tener conocimiento de las leyes de la termodinámica, ni tener conocimiento de las leyes de estadística para entender que la evolución no es posible, una hipótesis que no armoniza con la realidad y lógica común.

Desafortunadamente esta hipótesis se presenta como la única explicación científica válida a los orígenes de nuestro universo.

Pero pensemos un poco. ¿Cuánto tiempo pasó para que el ser humano desarrollara accidentalmente el mecanismo de coagulación de la sangre? Imagínese qué pesadilla sería si al herirnos, la sangre corriera, y corriera, y corriera sin parar. Nos desangraríamos ¡hasta la muerte! Además, todo tipo de bacteria se introduciría en nuestro sistema circulatorio, pues tendríamos un sistema abierto al exterior.

Pero no es así. Dios ha diseñado un sistema fabuloso, de manera que si nos herimos, la sangre coagula al entrar en contacto con el aire, tapando así la apertura.

¿Y cómo es posible que el corazón funcione adecuadamente si no hubiera un sistema de arterias y venas perfectamente desarrolladas, llevando y trayendo sangre a los distintos órganos?

¿Y de qué servirían el corazón, y las arterias y las venas, si no existiera el fluido sanguíneo, tan completo y perfecto, que lleva oxígeno y nutrientes a la célula, y recoge los desechos y el dióxido de carbono, para luego ser eliminados por procesos complejos?

¿Y de qué servirían el corazón, y las arterias y las venas, y la sangre, si no hubiera pulmones diseñados con capilares por los que pasa el oxígeno del aire hacia la sangre, y por donde sale el dióxido de carbono?

¿Y de qué serviría todo esto si no tuviéramos la hemoglobina que es el agente que atrapa el oxígeno y lo lleva a las células para sus procesos químicos, a la vez que recoge el dióxido de carbono que las células producen como desperdicio?

¿Y cómo pudiera trabajar todo esto si no tuviéramos un cerebro capaz de enviar instrucciones para que el corazón y los pulmones funcionen automáticamente, ajustando su funcionamiento dependiendo de las necesidades del cuerpo en un momento dado?

El ser humano está formado por gran cantidad de sistemas integrados, sistemas que necesitan trabajar en perfecta armonía. Lo más lógico es concluir que todos fueron creados a la vez, y no que fueron evolucionando con el tiempo.

Imagínese qué pesadilla si los sistemas biológicos tuvieron que evolucionar poco a poco. ¿Cuánto tiempo pasó para que el hombre desarrollara la habilidad de poder tragar automáticamente hacia el estómago y no hacia los pulmones? Ahí se hubiera acabado la primera pareja de la humanidad, con los pulmones llenos de agua o comida ¡por el primer descuido!

La maravillosa complejidad del ser humano no es resultado de procesos accidentales. Sus órganos individuales no tienen razón de existir, excepto en el contexto de todo el sistema completo al que pertenecen.

Si los órganos que forman el cuerpo humano tienen un propósito ¡cuánto más lo tiene el ser humano!

Desafortunadamente nuestras sociedades están fuertemente influenciadas por los medios de comunicación, y una agenda promovida por varios sectores opuestos al Dios de la Biblia. Como resultado, el tema de los orígenes, la evidencia que nos rodea y los nuevos hallazgos, no se analizan bajo la luz del creacionismo, sino que se interpretan exclusivamente bajo la luz de la evolución. Esto lo discutimos unos párrafos más adelante.

Si los órganos que forman el cuerpo humano tienen un propósito, ¡cuánto más lo tiene el ser humano!

Sistemas Integrados

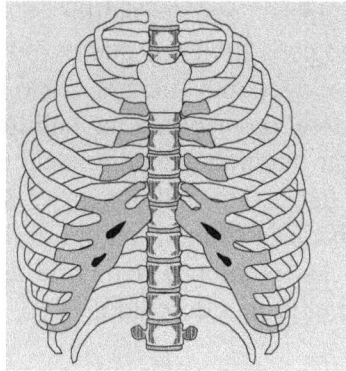

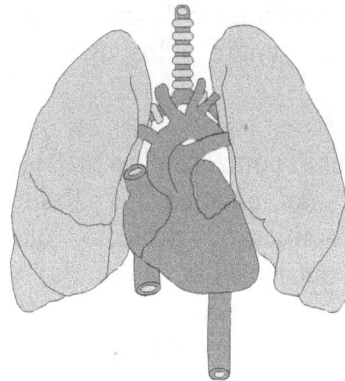

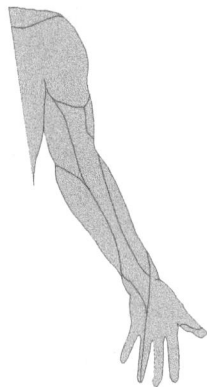

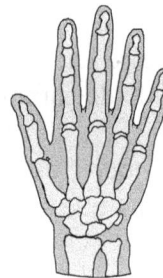

El cuerpo humano está formado por órganos y estructuras que no tienen razón de existir excepto en el contexto de todo el sistema complejo al que pertenecen. Si los órganos tienen un propósito, ¡cuánto más el ser humano! Una serie de accidentes no puede culminar en un sistema con propósito. El ser humano no puede ser resultado de la evolución.

TODA LA HUMANIDAD DE UNA SOLA MADRE

El escenario hipotético de que el hombre se produjo a través de procesos evolutivos casuales, a la vez que su complemento biológico perfecto, la mujer, se produjo en forma contemporánea y en el mismo lugar, de manera que ambos juntos hayan empezado la raza humana, es totalmente increíble. Fue precisamente este pensamiento el que me animó a buscar entender mejor la hipótesis de la evolución, y sus méritos o debilidades. Todavía recuerdo el momento de mi meditación, sentado en el avión que me llevaba en viaje de trabajo a Pittsburgh, Pennsylvania. En ése entonces era ingeniero de materiales para el departamento de investigación y desarrollo de la corporación Westinghouse Electric. El avión salía del aeropuerto moderno de Atlanta, mi mente lejos de asuntos cotidianos, considerando un tema de gran trascendencia para el hombre: Su origen y los méritos de la evolución.

Ese caminar me llevó a entender un día que la evolución más que una teoría científica, era una hipótesis basada en una fe insostenible ante la luz de la ciencia o de las Escrituras.

Una pregunta que tienen que responder los evolucionistas es: ¿De cuántas parejas se originó toda la raza humana? Pensar que por evolución, que por procesos casuales, se produjeron varias parejas en forma contemporánea es pura fantasía. Pensar por otro lado que sólo una pareja se produjo accidentalmente, y que si no hubiera sido por esa pareja, no hubiera existido la raza humana, es también increíble. La existencia del hombre y nuestro mundo demandan un propósito mucho mayor que la mera casualidad.

Para el creacionista bíblico, es decir, para quien cree que la raza humana se generó a partir de una pareja creada por Dios, no hay duda de lo que ocurrió al principio. No es nada ilógico aceptar que el Creador haya decidido generar toda la raza humana a partir de una sola pareja. De hecho, esto es lo que los estudios recientes del ADN han ido confirmando.

En la revista C&EN – "Chemical and Engineering News" (Noticias de Química e Ingeniería) del 6 de febrero de 1989 aparece un artículo titulado "Se acumula evidencia a favor de un antepasado específico" (Evidence accrues for specific ancestor). El artículo indica que *la evidencia genética de que todos los humanos de la actualidad estamos emparentados a una mujer que vivió en África hace unos 200,000 años se continúa acumulando... de acuerdo al profesor de bioquímica Allan C. Wilson, de la Universidad de California en Berkeley, los resultados han permanecido consecuentes*".

La investigación se basa en ciertos aspectos de la molécula de ADN que se heredan exclusivamente de la madre, de manera que *"cada individuo está conectado con el pasado mediante una cadena sin interrupción de madres"*. De acuerdo al artículo, el Profesor Wilson, un evolucionista, asevera que los linajes maternos apuntan a *"una, y solamente una, madre en alguna generación remota"*.

En otro artículo pertinente, publicado en la página Web de CNN el 10 de noviembre del 2000, se menciona un estudio genético que revela que 80% de los europeos provienen de un padre común. Peter A. Underhill, del Centro Tecnológico del Genoma de Stanford, ubicado en Palo Alto, California, coautor del estudio reportado *"dijo que la investigación respalda las conclusiones a partir de evidencias arqueológicas, lingüísticas y de ADN"* respecto a la inmigración de seres humanos a Europa en la antigüedad. El estudio del ADN se basa en el cromosoma 'Y' que es heredado solamente por hijos de sus padres.

Vemos pues que la evidencia va apuntando a que los seres humanos no brotaron accidentalmente de varios elementos de algunas especies en transición, diseminadas por la Tierra, sino que todos procedemos de un antepasado común, de una sola pareja. La Biblia indica que esta pareja fue creada en lo que ahora es Irak, en el Golfo Pérsico, en Asia. Vemos acá que la evidencia científica va encajando con la narración histórica de la Biblia.

ORGANISMOS INFLUYENTES

Bruce Morton reportó el 27 de agosto de 1999 en la página Web de CNN (cnn.com), que el entonces vicepresidente de los Estados Unidos Al Gore *"favorece la enseñanza de la evolución en las escuelas públicas"*. El portavoz del vicepresidente dijo que Gore estaba de acuerdo con que se enseñara el creacionismo, pero únicamente en la clase de religión. En otras palabras, el señor Gore no considera el creacionismo científico como una hipótesis aceptable, de validez científica dentro del tema de los orígenes, sino que lo ve como un tipo de superstición religiosa, lejana a la realidad.

Las personas como el entonces vicepresidente de los Estados Unidos han tenido, o tienen definitivamente, un gran impacto en las leyes y pensamientos que influencian a la sociedad con respecto al tema de los orígenes. Desafortunadamente la posición del señor Al Gore no es un caso aislado. El estado de Louisiana en los Estados Unidos *pasó una ley para dar al creacionismo igual cantidad de tiempo en la enseñanza* (que a la evolución) *y la Corte Suprema la desaprobó por ser un esfuerzo religioso"*. En otras palabras, la Corte Suprema de los Estados Unidos legisló que la evolución es la única hipótesis que se puede enseñar como legítima en las escuelas públicas, la única hipótesis que supuestamente es válida para explicar los orígenes de nuestro mundo y la existencia del ser humano.

Es triste cuando el organismo de máxima autoridad judicial en los Estados Unidos, la Corte Suprema, toma una posición rígida y absoluta, restringiendo la libertad de los maestros de enseñar, y restringiendo el derecho de los estudiantes de conocer otras hipótesis válidas sobre el tema, especialmente la del creacionismo.

La decisión de la Corte Suprema de Justicia fue supuestamente hecha con la motivación de velar por la separación entre la religión y el estado. Pero la hipótesis de la evolución es también una hipótesis religiosa. La evolución depende de creer, por fe, en argumentos no demostrados científicamente, pero que específica e intencionalmente excluyen la posibilidad de un Diseñador. Enfatizamos, sin embargo, que la verdad científica no está limitada a la filosofía materialista. La búsqueda de la verdad debe incluir toda la verdad, aun si ésta apunta a la existencia de un Ser superior como la mejor explicación y causa de los diseños complejos que vemos en el mundo de la célula, y del universo en que vivimos.

El creacionismo puede y debería ser enseñado en las escuelas públicas desde el punto de vista científico, a la par de la evolución. Los estudiantes deberían ser quienes decidan qué modelo es más consecuente con la evidencia, no la Corte Suprema. Distinto sería si la evolución hubiese sido demostrada científicamente en el laboratorio, pero ése no es el caso.

Una buena proposición es, pues, que las escuelas públicas enseñen el creacionismo entre las hipótesis de los orígenes. Ésta es una hipótesis si no científicamente más válida, tan válida como la evolución. Es claro que sería la responsabilidad personal de los estudiantes, sus familias e iglesias, conocer más de la naturaleza y atributos de ese Ser que creó el universo, no de las escuelas públicas.

Es posible que usted se encuentre luchando con los conceptos que se presentan en este libro, conceptos y maneras de pensar tal vez opuestas a lo que ha escuchado por muchos años en la escuela, o leído en periódicos, libros o museos. Pero desafortunadamente todos hemos sufrido el efecto de un indoctrinamiento. Este es el resultado de una predisposición tremenda en los medios de comunicación, y otros organismos de gran influencia como el gobierno y las universidades que presionan el tema en una sola dirección, sin dar a la persona la oportunidad de considerar adecuadamente toda la evidencia bajo la luz de otra posible y más probable explicación, la del creacionismo.

De acuerdo a una publicación de septiembre del 2000 por el equipo de "Environmental News Network", Lawrence Lerner, profesor de ciencias naturales y matemáticas en la Universidad Estatal de Long Beach en California, evaluó la calidad académica de cada estado en los Estados Unidos dependiendo de qué tan efectivamente enseñaban la evolución en las escuelas.

"De acuerdo al señor Lerner, varios criterios son necesarios para proveer a los estudiantes con un buen entendimiento de la evolución. Primero, en los grados primarios, los estudiantes deberían poder entender que todos los organismos vivos se reproducen, que sus descendientes se parecen pero no son una copia de sus padres, y que hay una relación entre las especies y el medio ambiente en el que viven."

Estamos de acuerdo en lo que dice el profesor Lerner, excepto en un punto fundamental, ¡nada de eso es prueba de la evolución! El que los organismos vivos se reproduzcan, el que los hijos hereden características del padre y de la madre, de manera que no son una copia exacta de uno de ellos, y que el medio ambiente determina qué especies prosperan en qué lugar, no son prueba de que la vida evolucionó de una sopa química y las rocas de la Tierra, o que el hombre evolucionó del mono. Es más, el decir que todo esto es prueba de la evolución es mero indoctrinamiento.

El usar la realidad objetiva que nos rodea, para luego saltar a una hipótesis que dicha realidad no respalda, y decir que eso es prueba de que la hipótesis es una teoría comprobada, es un proceso académico pobre y falso.

De acuerdo al profesor Lerner *"en los grados secundarios, estas ideas deben desarrollarse hasta un entendimiento de la supervivencia entre y dentro de las especies. Los alumnos de secundaria deberían entender las limitaciones que las especies encaran debido a factores del medio ambiente tales como la disponibilidad de alimento y agua, especialización, mutación genética y selección natural"*. Una vez más, el decir que mutación genética y selección natural son conceptos que comprueban la evolución es puro indoctrinamiento o mala ciencia.

Jamás se ha verificado experimentalmente que es posible producir organismos superiores a partir de mutaciones genéticas accidentales en el laboratorio o en la naturaleza. Lo que la experimentación ha mostrado hasta ahora es lo contrario. La selección natural, por su parte, sólo escoge lo que está mejor equipado para sobrevivir en un ambiente determinado, no produce nuevas especies. Nada de lo que presenta el señor Lerner es prueba científica de la evolución. Qué triste que los estudiantes sean forzados a pensar de una manera tan inconsecuente, para poder ser reconocidos académicamente en sus escuelas y por el gobierno.

Tal como lo mencionamos al principio, un estudio hecho en 1999 por la reconocida organización Gallup de Princeton, Estados Unidos, 47% de los norteamericanos expresaron creer que Dios creó directamente – no por evolución - al ser humano. De hecho, la opinión más popular fue ésa, la de que Dios creó directamente el universo recientemente, hace menos de 10,000 años.

Sólo 40% de los encuestados dijeron creer que Dios había creado el universo por medio de procesos evolutivos a lo largo de millones de años. Y sólo 9% dijo creer que el universo fue formado sin la intervención de Dios.

De acuerdo a la encuesta, la mayoría de los norteamericanos favorecen la enseñanza del creacionismo a la par de la evolución en las escuelas públicas, dejando que sea el estudiante quien decida cuál hipótesis es la mejor.

Ignorancia En El Campo Espiritual

La búsqueda de la verdad debe incluir toda la verdad, aun si esta apunta a la existencia de un Ser superior, como la mejor explicación al origen del universo.

Esta posibilidad es rechazada o pasada por alto por aquellos que no desean aceptar responsabilidad de sus acciones ante un Ser superior.

Por su parte, los medios de comunicación, lejos de dar la debida publicidad al deseo del pueblo norteamericano, o se quedan prácticamente callados ante tal vital información, o le dan muy poca publicidad.

La encuesta Gallup revela que es toda una mayoría de norteamericanos la que favorece la enseñanza de ambas hipótesis en las escuelas públicas, precisamente 68%. Es más, el creacionismo es visto con tal respeto por el pueblo norteamericano, que 40% dijo no oponerse si en lugar de enseñar la evolución se enseñara el creacionismo científico como la hipótesis que mejor explica el tema de los orígenes.

Para entender por qué muchas veces la imagen del creacionismo es la de una hipótesis sostenida por fanáticos religiosos, y la de la evolución una teoría entendida por las personas inteligentes, educadas y progresivas, necesitamos entender mejor quiénes controlan los medios de comunicación. Precisamente, los medios de comunicación no son totalmente libres. Éstos están controlados por intereses muy fuertes, la mayoría de los cuales ven desfavorablemente al creacionismo. Sus razones no son necesariamente científicas, sino más bien filosóficas.

Un estudio realizado por "El Centro para los Medios de Comunicación y Asuntos Públicos" (The Center for Media and Public Affairs), reportado en la revista del AFA (American Family Association Journal – Revista de la Asociación de la Familia Americana) del mes de agosto del 2000, menciona que sólo una de cada diez personas en los medios de comunicación de los Estados Unidos asiste a una iglesia o sinagoga semanalmente. Exactamente, sólo diez por ciento de las personas influyentes tienen una fe lo suficientemente firme como para frecuentar el templo semanalmente. No es de extrañarse que, una persona que no tiene mayor interés en las cosas espirituales, tienda a favorecer y promover explicaciones materialistas, explicaciones que excluyen a Dios.

El profesor Lerner expresó que *"Los mayores críticos de la enseñanza de la evolución en las escuelas son los adeptos a la enseñanza del creacionismo que creen que el mundo y toda la materia y formas de vida fueron creadas de la nada por un ser divino..."* El profesor Lerner piensa que el que un Ser superior haya creado el universo es religión, por lo que prefiere pensar que todo el maravilloso orden que existe fue creado por nadie. Ambas posiciones requieren fe, pero se requiere mucha mayor fe para creer que todo lo que existe es resultado de una explosión que ocurrió hace trece mil millones de años.

Influencia De Los Medios De Comunicación

En cuanto al origen del universo, una persona que no tiene mayor interés en la realidad espiritual, favorecerá y promoverá explicaciones materialistas que excluyan a Dios.

Sólo Una De Cada Diez

Sólo 10% de las personas influyentes en los medios de comunicación de los Estados Unidos asiste regularmente a un servicio religioso.

Creer que un Ser inteligente es la causa del gran diseño y complejidad que muestra nuestro universo requiere menos fe, y armoniza mejor con la evidencia que encontramos. De hecho, el pensar que el universo siempre ha existido, y que no ha sido creado de la nada va en contra de las leyes fundamentales de la termodinámica. Si la materia y energía del universo han existido desde la eternidad pasada, entonces ya debían haber llegado a un equilibrio térmico, lo cual obviamente no es el caso.

La hipótesis de la evolución penetra todo campo de nuestra sociedad. En un editorial sobre el desarrollo y los avances técnicos de las máquinas de inyección y moldeo de plásticos, escrito por Matt Naitove, editor de la revista técnica "Plastics Technology" (Tecnología de Plásticos) leemos lo siguiente: *"Si yo cierro mis ojos, puedo imaginar una época pasada caracterizada por vapores volcánicos hace millones de años, cuando hordas de extrañas criaturas nuevas salieron de los hirvientes mares tropicales y empezaron a arrastrase, corriendo y aleteando por toda la previamente despoblada Tierra. El período de experimentación desbordada con bestias bizarras, con cuernos y colmillos y armaduras por parte de la Madre Naturaleza, resultó en muchos fracasos. Un destino similar tendrán necesariamente algunas de las ramas del árbol evolutivo de las máquinas de moldeo por inyección. Sus fósiles serán un día descubiertos en los archivos de revistas como ésta"*.

¡Qué editorial tan increíble! Muy creativo y romántico, pero lleno de gran imaginación y especulación, que considera la evolución de los seres vivos como un hecho comprobado. Este es un ejemplo del bombardeo diario y constante al que somos sujetos; bombardeo que nos condiciona a pensar que la evolución es una realidad comprobada. Pero no es así.

Los Estados Unidos ejercen una gran influencia sobre el resto del mundo. Sus medios de comunicación a través de documentales de televisión sobre la naturaleza y el reino animal, así como a través de otros medios y programas, tienen un poder que va mucho más allá de sus fronteras. Lo mismo podemos decir de la influencia de sus autoridades académicas y organismos técnicos. Esto ayuda a explicar la rápida propagación de la hipótesis de la evolución en el mundo moderno.

Finalmente, en cuanto a la misión de los medios de comunicación, éstos tienen la responsabilidad de informar de manera objetiva y balanceada, no de indoctrinar a la sociedad de acuerdo a principios y posturas subjetivas. Los medios de comunicación, así como las autoridades que influencian el campo académico y tecnológico, deberían de estar mejor informados, respetando y promoviendo la libertad básica del ser humano, libertad de evaluar y decidir por sí mismos en este tema de los orígenes, dándole una cobertura justa a ambas posiciones, la evolución y la creación.

Por nuestra parte, el entender la realidad que afrontamos nos ayuda a no caer víctimas del error, y a que podamos cambiarla para beneficio de nuestras familias, comunidades, sociedades y naciones.

ARGUMENTOS INCONSECUENTES

En su esfuerzo por comprobar la hipótesis de la evolución, sus proponentes han caído en tremendas incongruencias. Su capacidad de razonar desde el punto de vista lógico y académico, ha sido nublada muchas veces por la pasión.

Las incongruencias en que caen los evolucionistas son el fruto de insistir en algo a pesar de la evidencia contraria. Una de ellas es el programa "Búsqueda de Inteligencia Extraterrestre" (Search for Extra-Terrestrial Intelligence), conocido por sus siglas, en el idioma inglés, SETI.

La cubierta de la famosa revista "LIFE" de septiembre de 1992 llevaba por título "La Búsqueda del Verdadero E.T. (Extra-Terrestre)" conteniendo varios reportes sobre el tema. Uno de ellos, "¿Hay alguien allí?" da detalles sobre el proyecto NASA SETI lanzado el 12 de octubre de 1992 con el propósito de confirmar la existencia de seres inteligentes en el espacio exterior. El costoso programa de la NASA, de cien millones de dólares norteamericanos ($100,000,000), fue basado en una red de poderosos radio telescopios dirigidos al espacio exterior. El descubrimiento de ondas radiales, exhibiendo un patrón lógico, sería considerado evidencia de que éstas fueron originadas por seres inteligentes. En dicho artículo leemos que la fe de Carl Seagan en la búsqueda de vida extraterrestre nunca ha tambaleado. Y esto es precisamente lo que mantiene la posición de los evolucionistas, no la evidencia científica, pues no la hay; sino su fe, su fe en la evolución.

El Instituto SETI es una organización privada y sin fines de lucro, localizada en California y dedicada a la búsqueda de inteligencia extraterrestre. La directora de investigaciones del instituto, la Dra. Jill Tarter, sacó su doctorado (Ph.D.) en astronomía en la Universidad de Berkeley.

La agencia noticiosa Reuters reportó, ocho años después del lanzamiento del proyecto NASA SETI, que el instituto SETI estaría invirtiendo en la construcción de su propio radiotelescopio con el propósito de incrementar las posibilidades de éxito en sus esfuerzos. SETI ha dependido hasta ahora de la renta de equipo ajeno para sus investigaciones. La esperanza es que con el nuevo equipo, dedicado exclusivamente a sus esfuerzos, el instituto obtendrá la evidencia que no ha podido conseguir en los cuarenta años pasados. Se espera que el nuevo radio telescopio entrará en operaciones en el año 2005, siendo administrado conjuntamente con la Universidad de California en Berkeley.

Búsqueda de Inteligencia Extraterrestre

INCONSECUENCIA

El código complejo del ADN, y el orden y equilibrio maravilloso exhibido por nuestro planeta, se consideran el resultado de procesos casuales; pero el origen de ondas radiales que provengan del espacio exterior se atribuirá a seres inteligentes si muestran un patrón lógico.

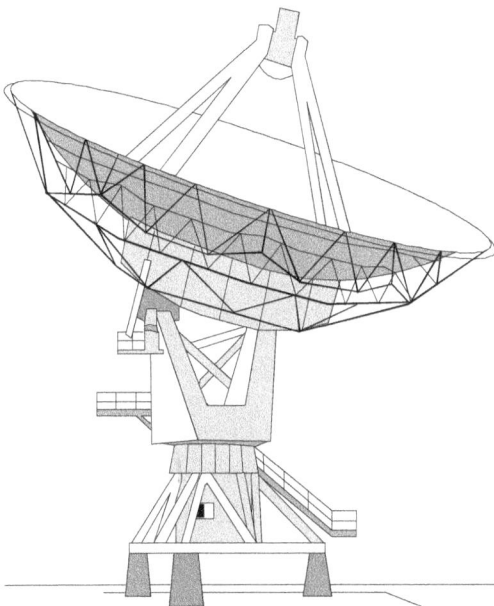

El código complejo del ADN, y el orden y equilibrio maravilloso de nuestro planeta y de la vida, se considera – a pesar de todas las estadísticas en su contra – el resultado de accidente. A la vez, la misma comunidad científica está dispuesta a aceptar ondas radiales provenientes del espacio exterior como evidencia de que fueron originadas por un ser inteligente si muestran orden: ¡Esto es totalmente incongruente!

Una vez más resaltamos el muy influyente e importante papel que los medios de comunicación juegan en el tema de los orígenes. Los medios de comunicación muy raramente reportan los fuertes argumentos y descubrimientos que desmienten la evolución, o que apoyan el creacionismo. La sociedad estaría mejor servida si éstos fueran reportados con la misma intensidad con que los mismos medios promueven las débiles hipótesis y falsas alarmas de descubrimientos que supuestamente confirman la evolución.

En la página Web de CNN del primero de diciembre del año 2000 leemos un reporte titulado "Fósiles vivos descubiertos en las costas de África del Sur". De acuerdo al artículo de la agencia noticiosa Reuters, un pez supuestamente prehistórico que *"se creía extinto hace setenta millones (70,000,000) de años"*, ha sido visto varias veces. Primero fue descubierto en el año 1938, en las costas de África del Sur. Luego, en octubre del año 2000 varios de estos peces fueron vistos de nuevo, a 100 metros de profundidad, en la costa norte de África del Sur. Pieter Venter logró filmarlos el 27 de noviembre del mismo año.

En otras palabras, dicho pez no era extinto, sino un animal completamente desarrollado, que todavía existe. Todas las especies ahora extintas, existieron igualmente un día como especies desarrolladas y completas. Ellas desaparecieron no como un fenómeno de la evolución, sino como resultado de catástrofes y efectos del medio ambiente que acabaron con ellas, así como sucede en nuestro tiempo con muchas especies perfectamente desarrolladas.

Otro descubrimiento, cuya cobertura en los medios de comunicación fue mucho mayor que los argumentos contrarios que lo desmienten, es el de cierto meteorito que según informes iniciales ofrecía evidencia de que hubo vida en Marte.

El anuncio espectacular fue dado por la NASA el 7 de agosto de 1996, fecha en que anunció al mundo que habían descubierto evidencia de vida orgánica en un meteorito procedente de Marte. El meteorito, conocido como ALH 84001, supuestamente cayó en nuestro planeta hace 13,000 años; habiendo sido encontrado en Allan Hills, Antártica en el año 1984.

El subtítulo del artículo publicado en la página Web de CNN el mismo día del anuncio leía: *"El descubrimiento más grande en la historia de la ciencia"*. Los *"investigadores examinando la roca proveniente del espacio dicen que contiene compuestos orgánicos que son evidencia inequívoca de que la vida una vez existió en el planeta rojo"*. El famoso astrónomo Carl Sagan tildó el descubrimiento como algo *"glorioso"*.

Es importante hacer notar que a pesar de la asombrosa noticia, y la promoción dada por los medios de comunicación, la evidencia no es sólida.

En un taller científico auspiciado por el Instituto Planetario y Lunar de Houston, Texas, en noviembre de 1998, el conferencista Allan H. Treiman del mismo instituto concluyó que *"la hipótesis de que ALH 84001 contiene trazas antiguas de vida marciana no ha sido probada... y todos los aspectos de la hipótesis permanecen controvertibles"*. Además preguntó si los requisitos cuando se publican artículos sobre temas "candentes" son menos exigentes que cuando el tema es "normal".

El periódico "The Houston Chronicle" del 27 de septiembre del año 2000 traía un artículo sobre dicho meteorito, explicando que procesos inorgánicos, y contaminación en la Tierra, pudieron ser la causa de lo que algunos científicos interpretaron como prueba de vida en Marte.

La pregunta del Dr. Treiman, sobre si los requisitos cuando se publican artículos sobre temas "candentes" son menos exigentes que cuando el tema es "normal", es muy apropiada. El panorama es fácil de entender: Por un lado, los autores académicos evolucionistas logran gran fama y admiración, a nivel de héroes, al descubrir evidencias que supuestamente respaldan la evolución. Por otra parte, los medios de comunicación dedican mucha mayor atención a argumentos y descubrimientos cuya perspectiva es proevolución, que aquellos que son procreación.

No es de extrañar pues que ante el atractivo de popularidad, fama y gloria, la comunidad académica proevolución salte a conclusiones antes de tiempo.

La comunidad evolucionista se caracteriza pues, por apresuramiento y especulación al comunicar sus estudios y conclusiones. Sería beneficioso que tanto ella como los medios de comunicación, fueran más prudentes al reportar sus descubrimientos, especialmente a la luz de la inconsecuencia y las contradicciones que los evolucionistas han mostrado a través del tiempo.

Por nuestra parte, los lectores tenemos la libertad, responsabilidad y suficiente razón para ser bastante críticos al respecto. Aunque informarse bien y evaluar la información con juicio crítico requiere esfuerzo, vale la pena. Se trata de un asunto vital, el origen del ser humano y del universo; el cual trae grandes implicaciones personales y sociales.

La cantidad de descubrimientos o argumentos evolucionistas desmentidos, o fuertemente debatidos, no es escasa. Nuevas evidencias aparecen y despedazan lo que se creía. Una publicación del mes de junio del año 2000 en el periódico californiano "LA (Los Angeles) Times" menciona que nueva evidencia hace temblar la tradicional hipótesis evolucionista de que las aves son descendientes de los reptiles. El autor del artículo, Robert Lee Hotz, comenta que para el ornitólogo Alan Feduccia, de la Universidad de Carolina del Norte, la teoría de que los pájaros están relacionados con los dinosaurios no es más que *"una fantasía falsa"*.

Sólo se necesita un poco de esfuerzo para poder encontrar otros reportes y publicaciones que, como los anteriores, revelan lo frágil de los modelos evolutivos propuestos en las distintas disciplinas científicas que abarca la hipótesis. Desafortunadamente, estos artículos no reciben la diseminación y cobertura apropiada. Y cuando se publican estudios que dejan ver lo frágil de la hipótesis, éstos son adornados con comentarios, que a pesar de la evidencia en su contra, moldean la información dentro del marco de la evolución, como si éste fuera el único marco dentro del cual se puede interpretar cualquier evidencia.

Uno de los muchos ejemplos de cómo los evolucionistas continúan revisando sus interpretaciones y teorías, lo encontramos en un artículo de CNN. El reporte publicado en el año 2000 decía que descubrimientos recientes, de acuerdo a un equipo de científicos, *"pueden forzar a los astrónomos a reexaminar suposiciones básicas sobre el universo"*. Bryan Gaensler del Instituto Tecnológico de Massachusetts dijo que *"mucho de lo que pensamos que entendíamos acerca de la física sobre pulsares y estrellas neutrónicas puede ser erróneo"*.

En otro artículo, CNN reportó el 7 de diciembre del año 2000 que según un estudio del Laboratorio Planetario y Lunar de la Universidad de Arizona, y de la Universidad de Tennessee-Knoxville, una lluvia de meteoritos bombardeó la Tierra hace cuatro mil millones de años. Este bombardeo duró, supuestamente, de 20 a 200 millones de años creando cráteres gigantescos del tamaño de continentes enteros; vaporizando los océanos, formando una neblina asfixiante y probablemente destruyendo cualquier indicio de vida en la Tierra. Las marcas de tal cataclismo fueron probablemente borradas por erosión y procesos geológicos a lo largo del tiempo. El estudio se basa en cuatro meteoritos que supuestamente procedieron de la Luna, y que anduvieron en el espacio por un millón de años antes de caer a la Tierra.

¿Cómo se sabe con certeza que los meteoritos provinieron de la Luna? Pura especulación. Nadie los vio partir de allí antes de caer en la Tierra. Es interesante observar además que la evidencia de la hipótesis anterior, cráteres gigantescos producidos por tan gran catástrofe, fue supuestamente borrada por erosión y procesos geológicos. Una vez más los evolucionistas han propuesto una hipótesis sin evidencia que la respalde.

CNN reporta en el mismo artículo, publicado en su página Web, que *"algunos científicos teorizan que los meteoritos antiguos o cometas pudieron haber traído vida, en lugar de la muerte. Proponentes de una teoría llamada "panspermia" sugieren que las moléculas orgánicas o aun formas primitivas de la vida fueron las semillas de la vida en la Tierra después de viajar en desperdicios rocosos o de hielo cósmicos"*. Vemos que por un lado, se menciona que probablemente los meteoritos destruyeron la vida, la cual tuvo que volver a evolucionar; pero por otro lado, se menciona que probablemente fueron meteoritos los que trajeron la vida. Honestamente esto no es más que pura especulación.

Tanto la hipótesis de la evolución de las aves a partir de los reptiles, como los meteoritos que supuestamente prueban que hubo vida en Marte, son objeto de seria oposición en el campo académico. De hecho, el resto de las varias hipótesis de la evolución es objeto de serias discusiones, desacuerdos y continuas revisiones. Lamentablemente, estos desacuerdos y argumentos, tal como ya lo hemos expresado, no se diseminan apropiadamente; y la evolución se sigue presentando en los libros de texto como algo científicamente verificado.

SIMILITUD Y EVOLUCIÓN

Es cierto que hay cierto grado de similitud física entre el hombre y otros animales, pero eso no quiere decir que provenimos de ellos, que ellos son nuestros abuelos. No, la homología no es un argumento a favor de relación, de que el hombre y el chimpancé estén relacionados, que el hombre haya evolucionado de los primates. Al contrario, la similitud es un argumento fuerte a favor del creacionismo.

Pensemos un poco. El ser humano ha sido creado con un cuerpo físico, al igual que muchos animales, diseñado para sobrevivir en la Tierra. Es perfectamente lógico pensar que el Ser que diseñó al ser humano y a los animales haya usado elementos de diseño similares para funciones similares.

Es natural que así como el hombre tiene piernas para transportase físicamente de un lugar a otro, haya animales con piernas que cumplen el mismo propósito. Es natural también que haya animales con boca, dientes, ojos y orejas que cumplen los mismos propósitos que los miembros similares diseñados para el ser humano.

El automóvil y el helicóptero son un ejemplo real de cómo la semejanza apunta a un diseñador común, y no necesariamente a una relación o dependencia entre dos entidades. Ambos usan llantas, ambos tienen una cabina, ambos necesitan combustible para poder moverse y ambos tienen un sistema de dirección para que un conductor los dirija. Ambos tienen llantas, pues necesitan moverse sobre el suelo, el automóvil más que el helicóptero. Ambos usan combustible, pues es necesario contar con una fuente de energía que permita que ambas máquinas venzan la resistencia a moverse, un caso es para transporte terrestre, el otro aéreo. Ambos necesitan una cabina para acomodar a un ser inteligente que los dirija. Ambos tienen asientos para pasajeros, pues están diseñados para transportar personas de acuerdo a la voluntad del ser humano.

Nadie en su sano juicio diría que el helicóptero evolucionó del automóvil. Simplemente los elementos similares fueron diseñados por un ser inteligente para ambientes similares, nuestro planeta y el ser humano.

La Similitud No Es Prueba De Evolución

El Helicóptero Y El Automóvil

Ambos
- usan combustible
- tienen cabinas interiores
- tienen llantas
- usan un piloto

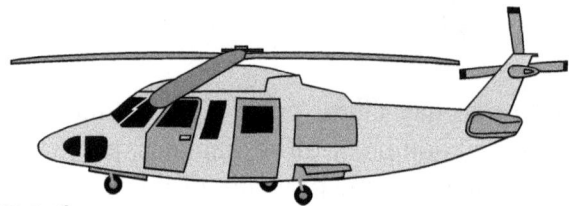

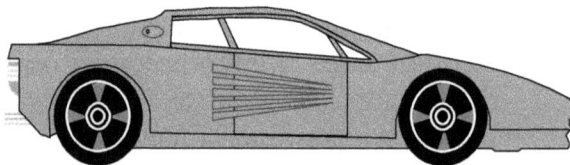

Sí, hay similitudes pues....

la misma inteligencia, el ser humano, diseñó ambos para funcionar en un mismo planeta, donde ciertas características comunes sirven a ambas máquinas para propósitos similares.

Elementos Similares

La similitud no es prueba de evolución.

Es natural y lógico pensar que un Ser ideó elementos similares para funciones similares: Piernas para moverse, boca para comer, dientes para masticar, ojos para ver, oídos para oír.

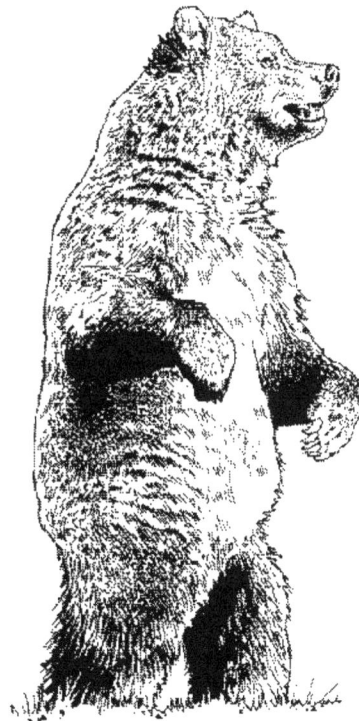

La hipótesis de la evolución ofrece ejemplos de especies que de acuerdo a sus proponentes no comparten un antepasado común, y sin embargo exhiben similitud en algunos aspectos.

Consideremos por ejemplo los delfines y las ballenas. Si bien viven en el mar y se parecen externamente a los peces, son mamíferos no peces.

En lugar de agallas para obtener el oxígeno del agua, tienen pulmones que lo respiran directamente del aire de la superficie. Tal como los demás mamíferos, y contrario a la mayoría de los peces, son de sangre caliente no de sangre fría, manteniendo su temperatura constante independiente de la temperatura del agua o aire. En lugar de poner huevos dan a luz crías vivas, a las cuales alimentan con leche producida por sus cuerpos, tal como los demás mamíferos.

Los delfines y las ballenas son ejemplos de animales que supuestamente no provienen de la misma rama evolutiva de los peces, y sin embargo tienen una similitud externa que los mismos evolucionistas no pueden negar… hasta un niño la puede reconocer. De hecho, en la enciclopedia "The World Book Encyclopedia" (La Enciclopedia del Libro del Mundo) se menciona que los delfines *"parecen peces y tienen columna vertebral y aletas, pero son mamíferos"*.

Otro ejemplo de similitud no asociada a relación entre las especies es la supuesta evolución del ojo. Tanto los pulpos como los orangutanes tienen ojos, aunque no pertenecen a la misma rama evolutiva. ¿Cómo es posible que un órgano tan complejo, el de la vista, se haya producido accidentalmente en especies tan distintas, casualmente? ¿Es posible que algo tan improbable como el sentido de la vista se haya formado casualmente más de una vez, en animales que no están relacionados? No, eso es totalmente inaceptable e increíble. Lo más lógico es pensar que un Diseñador empleó el mismo concepto en especies distintas para un mismo objetivo, el que dichas especies pudieran reconocer el ambiente que las rodea a través de imágenes transportadas por la luz, e interpretadas por cerebros complejos.

Queda establecido y claro que la homología no es evidencia positiva de la evolución. Al contrario, es un argumento muy fuerte a favor de la creación. Para llegar a esta conclusión no hemos recurrido a ninguna religión, simplemente a la observación científica y a la lógica natural.

Queda establecido y claro que la homología no es evidencia positiva de la evolución. Al contrario, es un argumento muy fuerte a favor de la creación. Para llegar a esta conclusión no hemos recurrido a ninguna religión, simplemente a la observación científica y a la lógica natural.

El Sentido De La Vista

Lo Más Probable

De acuerdo a la evolución, el pulpo y el gato son especies que no comparten un antepasado común.

Pero, ¿es posible que algo tan improbable como el sentido de la vista se haya formado por accidente más de una vez, en animales no emparentados?

Por evolución... No.

Por creación.... Sí.

EL NEANDERTAL Y OTROS ESLABONES

¿Pero qué diremos del Neandertal y de los descubrimientos de otros fósiles? Tal como dijimos anteriormente, los descubrimientos de "eslabones perdidos" o son controvertibles y extremadamente subjetivos y especulativos, o terminan descartándose por varias razones.

Un artículo publicado en "Proceedings of the National Academy of Sciences - Vol 96, Issue 22" del 26 de octubre de 1999 por Fred H. Smith et. al., incluyendo autores del Departamento de Antropología de la Universidad de Northern Illinois, del Centro Nacional de Investigación Científica del Laboratorio de Antropología de la Universidad de Bordeaux, Francia, y de la Unidad de Acelerador de Radiocarbono del Laboratorio de Investigación para Arqueología e Historia del Arte de la Universidad de Oxford, Inglaterra, muestra la confusión que encaran los evolucionistas aun con respecto a especies presentadas en el pasado como eslabones clásicos en la supuesta evolución del hombre. En dicho artículo leemos que según los autores *"La naturaleza de la relación biológica entre los Neandertales y los humanos modernos permanece altamente contencioso en paleoantropología. Las preguntas fundamentales han cambiado poco... la complejidad y diversidad de los datos... ha incrementado significativamente..."*

Tuvieron que transcurrir cuarenta años antes que se descubriera que los restos presentados por Charles Dawson en los años 1910-1912 como una evidencia más de la evolución del hombre, eran un engaño. El descubrimiento en Piltdown, Inglaterra logró engañar a muchos por largo tiempo en el mundo entero. Al supuesto eslabón entre el mono y el hombre se le dio el nombre de "hombre Piltdown". En la Enciclopedia Británica leemos que *"una reexaminación científica intensa de los restos de Piltdown mostró que habían sido fragmentos de un cráneo humano moderno, sagazmente encubierto; la quijada y dientes de un orangután, y el diente de probablemente un chimpancé, todos introducidos fraudulentamente..."*

En el año 1922 apareció un nuevo eslabón al cual se le dio el nombre común de "hombre Nebraska", y el nombre científico de "hesperopithecus" (simio del mundo occidental). ¿En qué consistió el hallazgo? ¿Acaso encontraron un esqueleto completo, o tal vez el cráneo y otros fragmentos? No, todo lo que se había encontrado fue un colmillo parecido un poco al humano y un poco al del chimpancé. En 1927 se confirmó públicamente que había existido un error, y que el colmillo pertenecía a un cerdo extinto. Podemos ver pues cómo el celo por descubrir al eslabón perdido puede cegar a muchos.

Eslabones Entre El Hombre Y El Mono

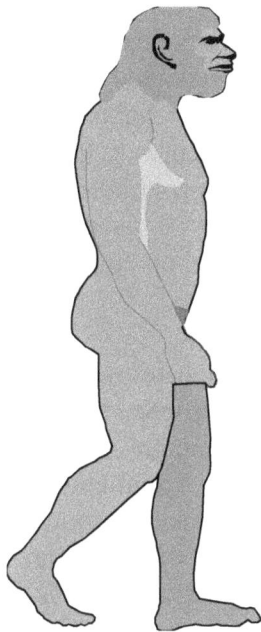

Los descubrimientos son altamente debatidos.

Cuando el autor asistía a la escuela en la década de 1960, el hombre Neandertal se estudiaba como prueba de la evolución del hombre a partir del mono.

Hoy en día, algunos adeptos a la evolución piensan que el hombre y el Neandertal no están relacionados.

Generalmente los descubrimientos descansan en evidencia muy escasa. Tal es el caso de *hesperopithecus*. De un colmillo plantearon haber encontrado un eslabón entre el hombre y el mono.

Cinco años después declararon públicamente haber descubierto que el diente era el colmillo de una variedad de cerdo extinto.

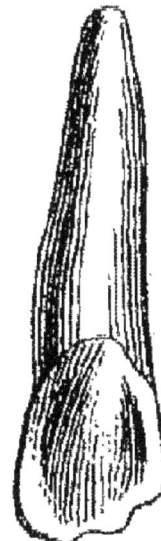

El "hombre Pekín" es otro ejemplo donde la evidencia se interpreta de acuerdo al prejuicio de los evolucionistas. En este caso los restos de cráneos de primates y herramientas sencillas encontrados en una cueva cerca de Pekín, China, han sido interpretados como evidencia de que este primate tenía una capacidad intelectual superior a la del chimpancé, por lo que debió ser una especie primitiva del ser humano, un eslabón entre el mono y el hombre.

A este hallazgo se le conoce con el nombre científico de "sinantropus pekinensis", un nombre impresionante que nos hace pensar que tiene gran validez científica. Pero en realidad su nombre sólo significa "persona china de Pekín". Por supuesto que la persona que escucha un nombre tan difícil se siente intimidada, y se siente ignorante, lista para creer lo que los científicos están dispuestos a enseñar sobre esta "nueva especie" encontrada.

Los creacionistas interpretan la evidencia de otra manera. En algunos lugares se comen los sesos de los monos, los cuales se consideran algo muy delicioso. Es posible que seres humanos cocieron y rompieron los cráneos para luego saborear los sesos de los primates. Las herramientas y los vestigios de fogatas que fueron encendidas en el lugar no fueron hechos por los primates encontrados, sino por seres humanos. La evidencia es la misma, pero la interpretación ¡muy distinta!

Desafortunadamente los medios de comunicación no son neutrales, y en este caso presentan la información únicamente desde un punto de vista, desde el ángulo e interpretación que apoya la hipótesis de la evolución.

Hay dos factores extremadamente importantes de reconocer con respecto a los hallazgos de fósiles y la clasificación de eslabones. Primero, que la mayoría de los hallazgos sólo presentan fragmentos de huesos separados, no esqueletos completos. No todos los fragmentos pertenecen a una misma criatura. Los evolucionistas arman el rompecabezas de manera de respaldar su hipótesis, despreciando otras posibles explicaciones a sus hallazgos. En otras palabras, los fragmentos y las herramientas encontradas son generalmente agrupados convenientemente, asumiendo que pertenecen a un eslabón entre los primates y el hombre.

Segundo, la apariencia de los huesos es usada para determinar si pertenecen a especies en transición. Es posible sin embargo, que fragmentos antiguos pertenezcan a primates extintos. Sabemos que cada especie ofrece gran variedad, algunas de ellas ya extintas. Las apariencias pueden ser engañosas, aun dentro de la misma raza humana.

Los pigmeos son cazadores nómadas, que no practican la agricultura ni la reproducción de ganado; seres humanos caracterizados anatómicamente por su muy corta estatura. Los varones crecen en promedio menos de 150 cm. Si por algún motivo, por guerras u otro conflicto no registrado en los anales de la historia moderna, los pigmeos hubieran desaparecido hace muchos años, dado su estilo de vida y anatomía peculiar, ¿sería posible que los proponentes de la evolución hubieran pensado que ellos eran un eslabón en la cadena evolutiva del hombre?

En el año 2001 los paleontólogos descubrieron un espécimen al que nombraron Kenyanthropus. Rick Potts del Museo de Historia Natural del Smithsonian dijo: *"Yo y muchos otros creemos que Lucy (Australopithecus Afarensis) necesita ser reemplazada, pero no estoy seguro que*

Kenyanthropus es el que la deba reemplazar". Lucy era supuestamente el eslabón del cual provenimos. Pero una vez más éste es descartado: ¡La historia se repite constantemente!

El juicio común se ha cegado pues el hombre ha escogido rechazar, por razones filosóficas y espirituales, la posibilidad que el mundo que nos rodea sea resultado de la creación directa por parte de un Ser superior. Hemos confundido ciencia con filosofía materialista.

El evolucionista y escritor Adam Goodheart escribió un editorial en usatoday.com sobre el hallazgo de Kenyanthropus y sus implicaciones. El editorial titulado "Del árbol de la vida brota el destino de la humanidad" publicado el 15 de junio del 2001 dice que *"A pesar de los avances científicos increíbles de las décadas pasadas, incluyendo el uso de la genética para rastrear nuestra historia común, la oscuridad aparece frecuentemente volverse más profunda"*.

Precisamente ése es el resultado de ir contra la evidencia que nos rodea, mayor oscuridad. Y los resultados sociales y espirituales ¡son catastróficos!

FÓSILES: TESTIGOS DE INUNDACIÓN GLOBAL

La fosilización no es el proceso normal que siguen los organismos vivos al morir. Cuando un pez muere generalmente flota a la superficie y se pudre, si es que no es devorado por otros animales. Las aves de rapiña se encargan rápidamente de un conejo o un ratón muerto, no dejando muchas sobras después de haber terminado su labor.

Los fósiles, en cambio, se forman principalmente en situaciones catastróficas tales como la de una inundación. Cuando la corriente de agua arrastra repentinamente al animal y lo entierra en medio de sedimentos minerales, apartándolo de las aves de rapiña y otros agentes destructores, el cadáver queda fosilizado, preservado para el futuro.

El Dr. Henry Morris, quien ha hecho estudios académicos en geología e hidrología, hace el siguiente comentario en su libro "¿Qué es el Creacionismo Científico?" (What is Creation Science?): *"Para tener la posibilidad de ser preservados como fósiles, una planta o animal debe ser enterrado rápidamente bajo una carga pesada de sedimento. De otra manera, animales que se alimentan de cadáveres o las fuerzas de erosión destruirían al espécimen"*.

La gran cantidad de fósiles encontrados en todas partes del mundo, es un testigo silencioso de que en el pasado hubo una catástrofe hidráulica de proporciones globales. En algunos lugares los restos fosilizados de animales enterrados repentina, brutal y violentamente pasan los varios millones.

El Dr. Morris comenta: *"En ningún lugar de la Tierra vemos hoy en día fósiles formándose en la magnitud observada en los depósitos geológicos. Los Lechos Karroo en África, por ejemplo, contienen los restos de tal vez ochocientos mil millones (800,000,000,000) de vertebrados. Un millón de peces puede ser muerto por mareas rojas en el Golfo de México hoy en día, pero simplemente se descomponen y no se vuelven fósiles".*

El diluvio universal produjo los sedimentos y las condiciones necesarias para producir la gran cantidad de fósiles encontrados en el mundo.

El Dr. Walt Brown indica que el cálculo del volumen de sedimentos originados por la erosión, de acuerdo a su modelo del hidroplato para explicar los fenómenos naturales que ocurrieron durante el diluvio universal, concuerda con la cantidad de sedimentos encontrados.

Fósiles: Testigos De Una Inundación Global

La enorme cantidad de fósiles encontrados en todo el mundo nos indica que en el pasado hubo una catástrofe de magnitud global, como la del diluvio mencionado en la Biblia.

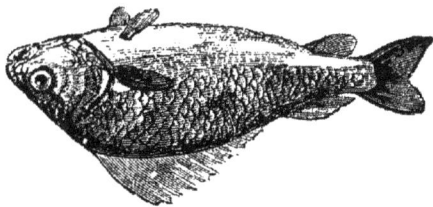

Cuando un pez muere, flota y se pudre, o es alimento de otros animales.

Para que un animal sea fosilizado necesita ser enterrado súbitamente, bajo sedimentos arrastrados por agua. El animal queda entonces protegido del viento y otras fuerzas naturales, así como de aves de rapiña y animales, que de otra manera lo devorarían.

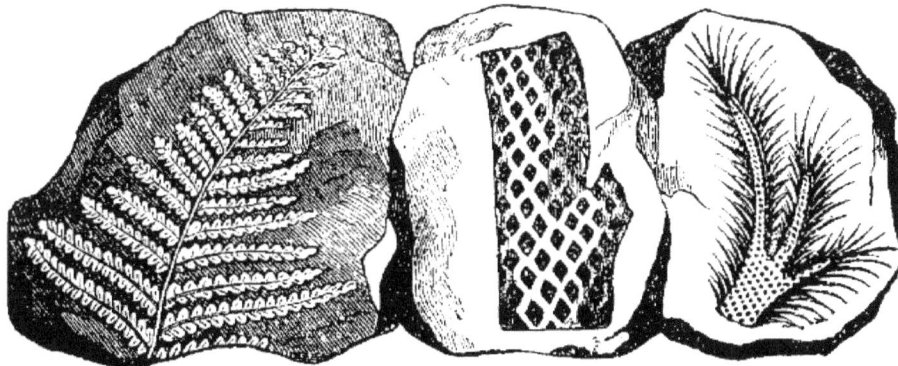

Un artículo publicado el 13 de septiembre del año 2000 en la página Web de CNN, titulado "Exploradores submarinos encuentran evidencia de una gran inundación", menciona que *"La primera evidencia de que humanos vivieron en un área ahora cubierta por el Mar Negro – tal vez inundada por el diluvio universal – ha sido encontrada por un equipo de exploradores... restos de habitación humana fueron encontrados a más de 300 pies (100 metros) de profundidad a unas 12 millas (19 Km) de la costa de Turquía"*. El principal arqueólogo del grupo explorador era el señor Fredrik Hiebert, de la Universidad de Pennsylvania.

Es interesante notar que el reporte hace mención de que *"muchas culturas antiguas del medio oriente tienen leyendas de una gran inundación, incluyendo la historia bíblica de Noé"*. Robert Ballard, un explorador de la Sociedad Geográfica Nacional, encontró en el área conchas de agua dulce cuya edad se estima en 7,000 años o más; mientras que las conchas de agua salada encontradas son más recientes, del presente hasta hace unos 6,500 años; no más. Ello sirve de indicación que el Mar Negro era un lago de agua dulce, inundado por el mar en la antigüedad.

Si bien los investigadores estiman que la inundación ocurrió hace unos 6,500 años, es importante saber que los métodos usados para calcular la edad de las conchas son imperfectos. El método de carbono 14 (C^{14}) da muchas veces resultados erróneos, proyectando una edad mayor a restos de hace varios miles de años sobre todo si hubo una capa de agua que cubría la Tierra en el pasado, tal como lo propone el modelo creacionista. En tal caso la fecha proyectada por el método de C^{14} sería más antigua que la realidad. Un objeto que aparentaría ser de 6,500 años de antigüedad sería realmente, por ejemplo, de sólo 4,500 años de edad, época en que, de acuerdo a la Biblia, ocurrió el diluvio universal.

Puede que la inundación ocurrida en lo que se conoce hoy como el Mar Negro no haya ocurrido exactamente durante el diluvio universal, pero hay fuertes evidencias que indican que nuestro planeta un día sufrió una inundación global.

En Arizona, Estados Unidos, tenemos una de ellas, el Gran Cañón. Si bien los evolucionistas interpretan los hechos de acuerdo a su hipótesis, eso no significa que no haya explicaciones más apropiadas. La evolución ve por ejemplo al Gran Cañón, como el resultado del río Colorado, el cual supuestamente a lo largo de millones de años fue cortando paulatinamente la roca hasta crear la formación geológica que hoy vemos. Una interpretación más plausible es sin embargo, que su formación se debió a un evento catastrófico de dimensiones gigantescas, un evento en que grandes masas de agua desplazándose a gran velocidad dejaron su profunda huella en poco tiempo.

La explicación que dan los creacionistas al Gran Cañón armoniza con leyendas antiguas de una inundación global. Es normal que la historia original del evento haya sido distorsionada por varias culturas subsecuente al evento, pero el tema central de la inundación global ha sido preservado. La Biblia narra precisa y detalladamente dicha inundación.

El Gran Cañón En Arizona, Estados Unidos

¿Es posible que esta formación natural, cuya profundidad alcanza más de un kilómetro, y cuya anchura llega a ser hasta de treinta kilómetros, sea el resultado de un proceso lento de erosión por las aguas del río Colorado, a lo largo de millones de años?

Lo más probable es que se haya formado en corto tiempo, como resultado de masas gigantescas de agua fluyendo a gran velocidad durante una gran catástrofe.

En un artículo publicado por Prensa Asociada (AP) en la página Web de CNN, leemos que los científicos piensan que un gran cañón encontrado en el planeta Marte fue escarbado por las fuerzas de la naturaleza en muy breve tiempo. Esta es una interpretación que los adeptos a la evolución han rechazado violentamente como explicación para el Gran Cañón encontrado en los Estados Unidos, pues dicha interpretación refuerza la narración bíblica del diluvio universal. Evolución obviamente es una hipótesis fundada en principios filosóficos opuestos al Dios de la Biblia. Cualquier interpretación científica que favorezca la idea de que hubo un diluvio universal apoya la idea de que Dios juzga el pecado. Hombres no temerosos de Dios rechazan tal posibilidad. De hecho, los cuatro proponentes más respetados del evolucionismo en el siglo XX, Isaac Asimov, Carl Sagan, Stephen Jay Gould y Ernst Mayr son ateos. Los tres primeros ya fallecieron, y habrán descubierto su error ¡demasiado tarde!

De acuerdo al artículo publicado el 21 de junio del año 2002 *"Agua saliendo precipitosamente de un lago sobrecargado talló instantáneamente un Gran Cañón sobre la superficie de Marte... de acuerdo a un análisis nuevo de fotos tomadas por la nave espacial.*

Investigadores del Museo Nacional del Aire y Espacio dijeron que la inundación... provino de un enorme lago, tan grande como para inundar simultáneamente Texas y California, rebalsando sobre un cráter cercano producido por un impacto.

Cuando el cráter se llenó, dijo el geólogo Ross Irwin, el agua erosionó una barrera en su orilla escapando abruptamente hacia la planicie... La fuerza y volumen de las aguas fueron suficientes para cortar un valle de más de 2.3 Km de profundidad y 880 Km de longitud en cuestión de meses, dijo."

Según la narración bíblica, la Tierra tenía una capa de agua arriba de la atmósfera, y un manto de agua debajo del suelo. Un día "las fuentes del mar" y "las ventanas del cielo" se abrieron, es decir, el manto de agua que estaba en el subsuelo y la capa de agua que cubría el planeta se abrieron e inundaron la tierra seca. De acuerdo al científico Walt Brown, la presión del agua que estaba en el subsuelo se incrementó por alguna causa, ya sea por calor generado radiactivamente u otra causa. La roca granítica que la contenía se agrietó ante el incremento de presión, dejando escapar un jet masivo de agua, lanzado a gran velocidad. Parte de esta agua alcanzó gran altura en forma atomizada, para luego caer en forma de hielo, enterrando y congelando instantáneamente muchos animales tropicales, que han sido preservados hasta la actualidad.

La grieta se propagó rápidamente como una cremallera (zipper) a través del suelo oceánico. La masa continental se dividió en varios continentes mientras la grieta se ensanchaba gradualmente en la medida que el agua erosionaba la roca granítica al salir.

La roca basáltica que descansaba debajo de la cámara de agua se levantó ante la reducción de presión, ocasionando la Cordillera Inter-Oceánica encontrada en el fondo del océano. Una sección de ella, la Cordillera Inter-Atlántica, encontrada en el océano Atlántico, separa América de África y Europa.

Los continentes se separaron más al deslizarse sobre la capa de agua residual debajo de ellos que, bajo la presión de las masas continentales, escapaba por la grieta formada.

Gran cantidad de sedimentos fueron formados por la erosión ocasionada por el jet de agua que escapaba a gran velocidad hacia la atmósfera. Estos sedimentos formaron posteriormente millones de fósiles al atrapar y enterrar abruptamente a plantas y animales.

La fricción ocasionada por el deslizamiento de la masa granítica de los continentes sobre la capa basáltica debajo ellos, originó bolsones de lava, principiando la actividad volcánica que todavía experimentamos.

Las condiciones climáticas fueron radicalmente transformadas a raíz de esos eventos. Es posible que todo haya sido iniciado por un meteorito al chocar con la Tierra.

Es probable, de acuerdo a otra hipótesis creacionista, que una masa de hielo cósmico al ir cayendo sobre la Tierra se fue pulverizando en la atmósfera, cayendo en forma de nieve en los polos.

Si hubiera existido una capa de agua en la atmósfera antes del diluvio, la protección de la Tierra ante el bombardeo de rayos cósmicos hubiera sido mayor, además de haber permitido un ambiente templado en todo el planeta. Rinocerontes y otros animales de clima cálido habrían habitado en las regiones polares. Esto es precisamente lo que fósiles encontrados muestran.

Fósiles encontrados en Siberia, Canadá y otros lugares dan evidencia de que el clima en el pasado fue radicalmente distinto al presente. Mastodontes preservados en dichos lugares, congelados rápidamente, tan rápido que la comida en su estómago todavía se puede reconocer, muestran restos de plantas tropicales en sus aparatos digestivos.

Una catástrofe global, así como el desvanecimiento de la capa de agua en la atmósfera, habrían tenido un impacto directo en la vida del hombre. La vida promedio del ser humano habría sido más larga antes del diluvio, debido al mejor clima y protección atmosférica. Es interesante notar que efectivamente, la vida promedio de las personas registradas en la Biblia es mucho mayor antes que después del diluvio universal.

No nos sorprendamos ante la posibilidad de que una capa de agua haya cubierto la atmósfera de la Tierra en el pasado. De hecho, en el periódico "The Orange County Register" del 22 de enero de 1993 apareció un artículo titulado: "Ríos de vapor detectados arriba de la Tierra". El artículo menciona que *"ríos masivos de vapor, algunos llevando tanta agua como el* (río) *Amazonas, han sido descubiertos en la atmósfera baja por un meteorólogo del Instituto de Tecnología de Massachusetts* (MIT) *que estaba estudiando datos de satélite.... Los investigadores calcularon que la longitud de algunos de estos ríos de vapor es hasta de 4,800 millas* (7,700 Km), *teniendo una anchura de 420 a 480 millas* (670 a 770 Km)". Uno de esos ríos, de acuerdo al artículo, transporta unos cuarenta y cinco millones (45,000,000) de galones de agua por segundo.

Hipótesis del Hidroplato
Propuesta por Walt Brown, Ph.D.

Condición Antes Del Diluvio Universal

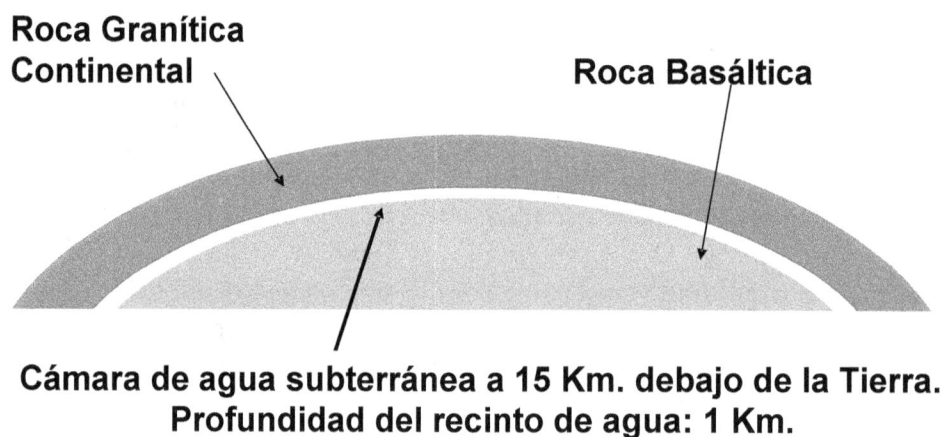

Roca Granítica
Continental

Roca Basáltica

Cámara de agua subterránea a 15 Km. debajo de la Tierra.
Profundidad del recinto de agua: 1 Km.

Las hipótesis siempre están sujetas a revisión y verificación. La hipótesis del Dr. Brown es de naturaleza científica, y no está exenta de este proceso. Sin embargo, dicha hipótesis es compatible con una interpretación científica de la evidencia que nos rodea y la narración bíblica de Génesis.

La Biblia no es un libro científico, pero es lógico esperar que las evidencias que nos rodean concuerden con las enseñanzas del Creador del universo.

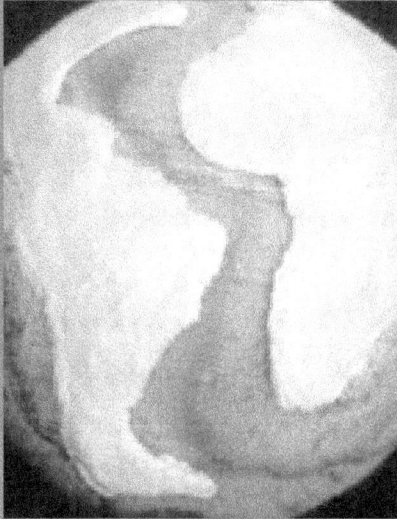

FORMACIÓN DE CONTINENTES

La evidencia de que los continentes estaban unidos en el pasado es clara, y perfectamente compatible con la interpretación creacionista y los eventos del diluvio universal.

Ilustrado por Bradley W. Anderson. Publicado con permiso. Libro "In the Beginning" por Dr. Walt Brown.

Cordillera Inter – Oceánica
Diagrama Esquemático

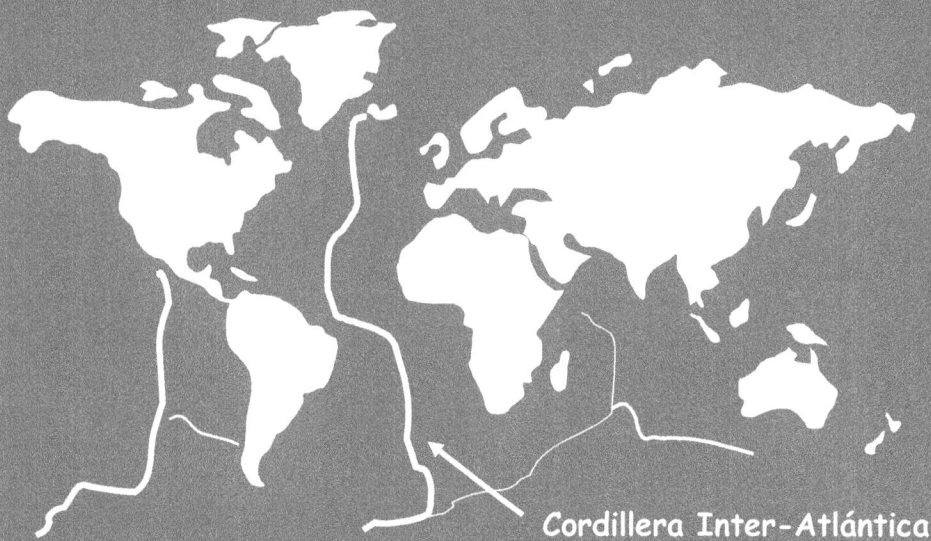

Cordillera Inter-Atlántica

Uniformitarismo Y Estratos

La Tierra está cubierta con capas rocosas y estratos sedimentarios de distinto espesor. Muchos geólogos piensan que los estratos sedimentarios son el producto de un proceso gradual, en el que fragmentos rocosos y minerales fueron siendo depositados a lo largo de millones de años, como resultado de procesos naturales lentos pero constantes, incluyendo el efecto de ríos y lluvias. De ser éste el caso, las capas más profundas serían de mayor antigüedad, mientras que las más cercanas a la superficie serían de formación reciente.

Si los procesos naturales se han mantenido virtualmente constantes a lo largo de la historia, entonces podríamos caracterizarlos en el presente y usarlos para proyectar la condición de nuestro planeta hacia el pasado, determinando la edad misma de la Tierra.

Esta manera de pensar, tal como lo define "La Edición Internacional del Diccionario Ilustrado Heritage de la Lengua Inglesa", el *"que todo fenómeno geológico puede ser explicado como resultado de las fuerzas actuales habiendo operado uniformemente desde el origen de la Tierra hasta el tiempo presente"* se conoce como la hipótesis del "uniformitarismo". Este concepto ha jugado un papel clave en la hipótesis de la evolución, habiendo sido presentado por el médico escocés James Hutton en su trabajo "Teoría de la Tierra" en el año 1785.

Fósiles Y Estratos

En armonía con el uniformitarismo, los evolucionistas interpretan el hecho de que cierto tipo de fósiles se encuentran preferentemente en ciertos estratos geológicos, y otros en otros estratos, como una manifestación del proceso evolutivo a lo largo de millones de años. De acuerdo a la evolución, los fósiles en las capas inferiores fueron evolucionando hasta formar las especies encontradas en las capas superiores. De ser esto cierto, entonces la edad de los fósiles, y la edad de los estratos rocosos en los que se encuentran, están relacionadas; y unos pudieran ser usados para determinar la edad de los otros. Pero para ello es necesario saber ya sea la edad de los fósiles o la edad de los estratos rocosos.

La enciclopedia "The World Book Encyclopedia" menciona que William Smith, un ingeniero civil inglés *fue el primero en usar fósiles para determinar la edad de estratos rocosos"*. En el año 1799 el señor Smith había establecido una tabla de varios estratos geológicos, y de fósiles típicos para cada estrato.

Fósiles característicos o típicos fueron establecidos para cada estrato. Cuando un fósil nuevo era encontrado en cierto estrato, la estimación de su edad se basaba en la edad del estrato, la cual había sido estimada de acuerdo al fósil típico.

¿Pero cómo se supo la edad de los fósiles típicos? Los evolucionistas estimaron la edad de los fósiles considerando el tiempo que, según ellos, fue necesario para que las distintas especies fueran evolucionando.

A través de los años, en sus esfuerzos de estimación de las edades de los fósiles y los estratos, los evolucionistas han considerado varios métodos. Aquellos métodos cuyos cálculos no encajan con la idea de una Tierra muy antigua, son descartados.

El autor evolucionista Robert Silverberg escribe en su libro "Reloj para las edades: Cómo los científicos calculan el pasado" (Clocks for the ages: How scientists date the past) los comentarios siguientes:

"Charles Lyell (1797-1875) de Inglaterra, usó la teoría de la evolución para ayudarle a estimar la edad de la Tierra....En 1867 Lyell trató de adivinar cuánto le tomó a los procesos de evolución llevar a cabo los cambios...

Al principio del siglo XX la mayoría de los geólogos estaban generalmente de acuerdo sobre la edad de la Tierra... estaba entre 70 millones y 150 millones de años... Conociendo cuán gradual el ritmo de evolución debió haber sido... los paleontólogos sintieron que tuvieron que haber transcurrido de 300 a 600 millones de años, por lo menos, desde la aparición de los primeros seres vivos. Algunos fueron lo suficientemente audaces como para decir que una edad de mil millones de años para la Tierra no era improbable".

Qué interesante que la edad estimada actualmente para la formación de la Tierra por los evolucionistas es del mismo orden de magnitud que el que ellos creyeron que era necesario para justificar la hipótesis de la evolución. Claramente todo método que resulta en una edad menor ha sido rechazado.

La agrupación y clasificación de las distintas capas sedimentarias, o estratos geológicos, encontrados en varios lugares del planeta se conoce como "la columna geológica". Ella representa un marco de referencia clásico de la evolución.

Es importante notar, sin embargo, que en ningún lugar de la Tierra encontramos la columna geológica completa. En ciertas regiones encontramos unos estratos, en otras otros, pero nunca todos juntos. Además, las anormalidades que presenta la columna geológica y el registro fósil, lejos de favorecer, contradicen la hipótesis de la evolución, tal como lo notaremos más adelante.

Inundación Global
Antes de discutir las anormalidades es oportuno aclarar que la explicación dada por los evolucionistas a los estratos geológicos no es la única interpretación posible de la evidencia observable. Por lo menos hay otra explicación, la de que los estratos y fósiles encontrados son resultado de un evento catastrófico de inmensas proporciones, acompañado de una inundación global como la descrita en la Biblia, la cual arrasó la Tierra de la antigüedad. Dicha hipótesis es la preferida por los proponentes del creacionismo, y la que mejor armoniza con toda la evidencia encontrada.

Columna Geológica

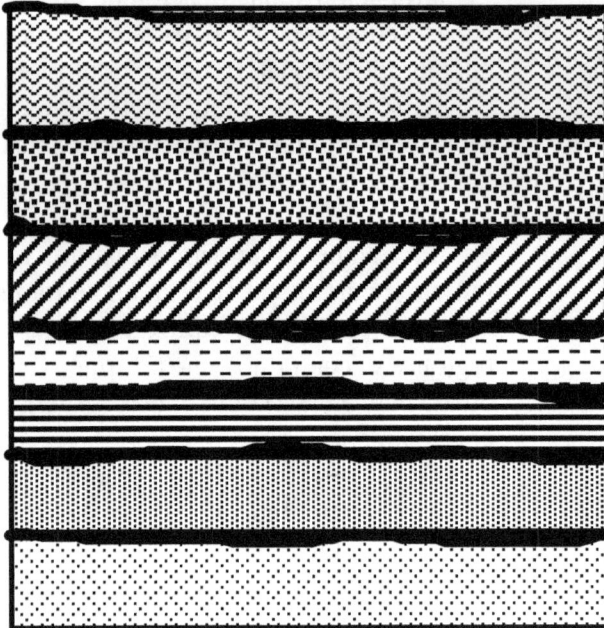

Eras

Cenozoica

Mesozoica

Paleozoica

Proterozoica

Arqueozoica

Azoica

Cósmica

La agrupación y clasificación de las distintas capas sedimentarias, encontradas en varios lugares del planeta, forman lo que se conoce como la columna geológica. En ningún lugar encontramos la columna geológica completa.

Masas gigantescas de agua fluyendo a gran velocidad habrían arrastrado enormes cantidades de sedimentos, arrasando plantas y animales, en muchos casos desmembrándolos completamente. Los animales y plantas debieron haber sido enterrados en los distintos estratos dependiendo, entre otros factores, de su tamaño y peso, del área en que se encontraban, si en el mar o sobre tierra, así como de otras características geológicas del lugar. Los restos de animales y plantas fueron entonces fosilizados en medio de las capas sedimentarias.

La explicación de que las capas sedimentarias son resultados de catastrofismo y no de uniformitarismo, concuerda perfectamente con las investigaciones científicas realizadas por el Dr. Steve Austin en el estado de Washington. El destacado científico hizo estudios sobre la erupción del Monte St. Helen, el cual al explotar movió grandes cantidades de agua rápidamente, creando estratos geológicos en tan sólo unos días, no necesitando cientos ni mucho menos millones de años para ello.

El Dr. Henry Morris hace ver que lo extenso de los estratos encontrados en muchas áreas de la Tierra apuntan a que fueron depositados por cantidades gigantescas de agua, generadas en una catástrofe de magnitud global. El Dr. Morris escribe en su libro "¿Qué es el Creacionismo Científico?" (What is Creation Science ?): "*Algunas formaciones geológicas están extendidas a lo largo de vastas áreas sobre todo el continente. Por ejemplo, la Formación Morrison, famosa por sus restos de dinosaurios, cubre gran porción del occidente montañoso, y también está la formación rocosa arenosa de San Pedro (St. Peter's Sandstone), una arena vidriosa que se extiende desde Canadá hasta Texas, y de las Montañas Rocosas hasta los Apalaches*".

Irregularidades En Contra De La Evolución
La evidencia que refuta la idea de que los estratos geológicos, y sus fósiles, son resultado de uniformitarismo y evolución es enorme. Por ejemplo, algunos estratos de la columna geológica aparecen encima de otros que supuestamente son de menor antigüedad.

Otra evidencia contraria es la de fósiles atravesados a lo largo de un estrato. Si los sedimentos hubieran sido lentamente depositados, a lo largo de millones de años, el animal muerto no aparecería atravesado en el estrato. Las aves de rapiña lo hubieran devorado, o factores ambientales como la erosión, la lluvia o bacterias lo hubieran degradado, antes de que sedimentos adicionales se hubieran seguido depositando lentamente sobre su cadáver.

Los fósiles que atraviesan más de un estrato son otra evidencia en contra de la interpretación evolucionista.

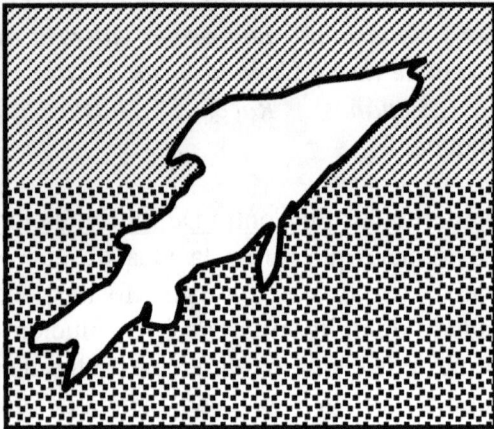

Los Fósiles Dicen "No" A La Evolución

En algunos lugares se han encontrado fósiles que atraviesan varios estratos geológicos. Esto no puede haber ocurrido a menos que los varios estratos hayan sido depositados rápidamente, como en una inundación catastrófica.

Otra evidencia incompatible con la evolución es la de fósiles encontrados en lugares equivocados, "fósiles extraviados". En algunos lugares aparecen fósiles en estratos supuestamente más recientes que la edad proyectada para dichos fósiles. En otros casos, estratos inferiores exhiben fósiles de especies que supuestamente evolucionaron posteriormente a las especies encontradas en estratos superiores.

De acuerdo al modelo creacionista, el hombre y los animales, incluyendo los dinosaurios, han coexistido desde el principio. Los dinosaurios fueron extintos debido a una catástrofe tal como la del diluvio universal, que cambió dramáticamente las condiciones ambientales de la Tierra. El Dr. Kent E. Hovind, en su serie de vídeo casete sobre el creacionismo científico, menciona el hallazgo de miles de piedras de gran valor arqueológico en el Perú, piedras en que los indios dejaron grabados dibujos de dinosaurios y seres humanos.

El Dr. A. E. Wilder Smith ha escrito un excelente libro "Las Ciencias Naturales No Saben Nada de Evolución" (The Natural Sciences Know Nothing of Evolution). El título implica que las ciencias naturales no muestran ninguna evidencia de que haya ocurrido la evolución. En dicho libro el Dr. Wilder Smith hace referencia al descubrimiento de huellas humanas fosilizadas a la par de huellas de dinosaurio en el río Paluxy en Texas, Estados Unidos. Los evolucionistas descartan esta evidencia como una anormalidad sin explicación. Pero la verdad es que esta evidencia respalda la hipótesis del creacionismo.

Fósiles Contemporáneos

En algunos lugares se han encontrado en el mismo estrato geológico, huellas humanas fosilizadas junto con huellas de dinosaurios.

Esta evidencia confirma que los dinosaurios coexistieron con el hombre.

Referencia Bibliográfica: "The Natural Sciences Know Nothing Of Evolution" (Las Ciencias Naturales No Saben Nada de la Evolución) - Dr. A. E. Wilder Smith.

El descubrimiento de fósiles de animales y plantas tropicales en regiones cubiertas por hielo en la actualidad, son evidencia de que en el pasado hubo un clima templado en toda la Tierra. La vida en tales condiciones ideales hubiera prosperado mucho más, y las plantas y animales como los reptiles, que no dejan de crecer hasta que mueren, hubieran alcanzados proporciones enormes.

Imagínese el tamaño de una iguana que hubiera llegado a los quinientos años de edad. Su tamaño sería enorme. Los dinosaurios evidentemente alcanzaron tamaños gigantescos.

El Dr. Kent Hovind sostiene la hipótesis de que la Tierra era protegida por una capa de agua sobre la atmósfera, haciéndola más pesada y produciendo una mayor presión y concentración de oxígeno, lo cual debió tener un impacto positivo en todas las formas de vida. Esto ayudaría a explicar el hallazgo de fósiles de insectos cuyas alas extendidas medían un metro de extremo a extremo, aves de cuatro metros de tamaño, castores de dos metros de longitud, tortugas y tiburones gigantes, y ciempiés de más de dos metros de largo, entre otros.

Tal vez alguien diría: *"¿Cómo es posible entonces, si hubo una inundación global como la descrita en la Biblia, que Noé haya podido meter dinosaurios en la arca?"* Bueno, Noé no era tonto para escoger el dinosaurio más grande que podía encontrar.

¡Pequeños bebés eran admitidos y preferibles! Si ellos fueron incluidos en el arca, su desvanecimiento puede explicarse fácilmente a la luz de los cambios climatológicos que siguieron a la catástrofe global.

LA TIERRA: ¿UN PLANETA ANTIGUO?

Algunas personas arguyen que la Tierra no puede ser un planeta joven, de unos seis mil años de edad, pues tiene apariencia de ser mucho más antigua. Bueno, antes que nada debemos esclarecer que la apariencia de antigüedad está basada en la hipótesis de que la superficie actual es el resultado de procesos cósmicos, geológicos y biológicos que ocurrieron lentamente a lo largo de miles de millones de años.

Si los grandes desfiladeros y otras características topográficas como el Gran Cañón son el resultado exclusivo de ríos erosionando el suelo paulatinamente; si los estratos geológicos son el resultado de sedimentos depositados por fenómenos naturales actuando lentamente a lo largo de miles de millones de años; si la formación de los bosques demandó primero la evolución de las distintas hierbas, plantas y árboles a partir de formas primitivas más sencillas; si los animales llegaron a su forma actual a través de procesos evolutivos, y si el balance ecológico que la Tierra muestra es el resultado de interacciones lentas que fueron progresando hasta llegar a un estado funcional y complementario perfecto, entonces la apariencia de la Tierra es la de un planeta muy, pero muy antiguo, de miles de millones de años de antigüedad. Pero ésa no es más que una posición hipotética sin corroboración científica.

Por otro lado, si la Tierra es resultado del diseño y creación de un Ser superior, lo más lógico es que ese Ser la creó completamente funcional. En dicho caso, un planeta completo no es indicio de que tenga miles de millones de años de antigüedad.

Si la Tierra es resultado del diseño y creación de un Ser Superior, lo más lógico es que ese Ser la creó completamente funcional.

El Dr. Henry Morris, en su libro "What is Creation Science?" (¿Qué es el Creacionismo Científico?) tabula algunos de varios métodos que se han empleado para calcular la edad de la Tierra, que estiman una edad reciente. Algunos de ellos y las edades proyectadas son los siguientes:

1- Polvo Cósmico En La Luna

Los científicos han determinado la velocidad actual de acumulación de polvo cósmico en la Luna. Si el uniformitarismo fuera una teoría aceptable, y aplicáramos esa información a la profundidad de polvo cósmico medido en las misiones lunares, el valor calculado para la edad de la Luna sería en unos doscientos mil (200,000) años. Esa cifra es mucho menor que los cuatro mil seiscientos millones (4,600,000,000) de años propuestos por los evolucionistas.

La edad de la Luna se cree ser igual que la de la Tierra, por lo que los resultados indicarían que la Tierra es también de edad reciente, de unos 200,000 años.

Los creacionistas bíblicos creemos que la Tierra y la Luna fueron creadas hace unos seis mil (6,000) años. Sabiendo que el uniformitarismo no es una teoría correcta, aún el cálculo de doscientos mil (200,000) años no es necesariamente exacto; pero contradice definitivamente las proyecciones de los evolucionistas de que la Tierra tiene miles de millones de años de antigüedad.

2- Reducción Del Campo Magnético

Una proyección de la velocidad de reducción del campo magnético de la Tierra, asumiendo uniformitarismo, apunta a que el planeta tiene no más de diez mil (10,000) años de antigüedad. El Dr. Walt Brown, Jr. en su libro "En el Principio" (In the Beginning) menciona, al igual que otros autores científicos, que la fuente del campo magnético de la Tierra son las corrientes eléctricas en su interior. Un estudio de la velocidad de disminución de este campo magnético indica que si la Tierra hubiese existido hace veinte mil (20,000) años, su corriente eléctrica hubiera generado demasiado calor como para permitir la vida.

3- Infusión De Carbonatos En Los Océanos

El estimado de la cantidad de carbonatos introducidos a los océanos por año, mediante procesos naturales, fue usado para calcular cuántos años han pasado para que los océanos alcanzaran su concentración actual. El resultado es de cien mil (100,000) años.

Una vez más, los evolucionistas descartan el resultado por ser una cifra mucho menor que la edad que ellos creen necesitar para respaldar los cambios y procesos lentos de la hipótesis de la evolución.

La Luna Es De Formación Reciente

Los datos de la velocidad de depósito de polvo cósmico en la superficie de la Luna, y de la profundidad de polvo medida por las misiones lunares, se han usado para estimar su edad. Los resultados proyectan una edad mucho menor a los cuatro mil seiscientos millones (4,600,000,000) de años estimados por los evolucionistas, de hecho, menos de un millón.

El Dr. Walt Brown, en su libro "En el Principio" (In the Beginning) da veintiséis métodos que estiman una edad joven para nuestro planeta y nuestro universo. Entre los métodos mencionados incluye los siguientes:

1- El Helio En La Atmósfera
Si todo el gas helio que existe en la atmósfera hubiera provenido de la desintegración radioactiva del uranio y torio presentes en la tierra, sólo se necesitarían cuarenta mil (40,000) años para alcanzar el nivel actual. En otras palabras, la Tierra, si nos basamos en dicho método, tiene menos de cuarenta mil (40,000) años de antigüedad.

2- El Sol
Sabemos que el Sol como cualquier estrella, se está consumiendo con el tiempo. La velocidad de reducción actual proyecta que su tamaño, hace un millón de años, habría sido tan grande y habría calentado tanto la Tierra, que no habría permitido la vida en ella. En otras palabras, aún si la Tierra hubiese existido hace un millón de años, el Sol hubiera impedido que la vida apareciera en su superficie.

Algunos piensan que tal vez el universo no ha tenido un principio, que si bien va cambiando con el tiempo, siempre ha existido, desde la eternidad. Esta idea entra en conflicto directo con conocimientos científicos fundamentales de nuestros tiempos. Como ya vimos, la segunda ley de la termodinámica menciona que los sistemas tienden de orden a desorden, de mayor a menor energía útil. Si toda la materia y energía del universo hubiera existido desde la eternidad pasada, entonces ya habría llegado a un equilibrio final donde todas las estrellas se hubieran consumido, y toda la materia estuviera en su nivel más bajo de energía útil. Esta condición se conoce como "muerte térmica". Ésta no es la condición que vemos.

El universo que vemos en la actualidad sigue incrementando su desorden, y perdiendo energía útil. Sus procesos termodinámicos continúan constituyendo una evidencia científica de que el universo tuvo un principio. Como lo describe la Biblia: *"En el principio..."* Así es, el universo ¡tuvo un principio! La evidencia científica respalda la narración de la Biblia.

"En el principio..."

El universo tuvo un principio. La evidencia científica respalda la narración de la Biblia.

Tamaño Del Sol Hace Millones De Años

Los científicos saben que el Sol se consume con el tiempo.

Es imposible, pues, que la vida hubiese estado presente en la Tierra hace cientos de millones de años. El Sol hubiera sido tan grande, y el calor irradiado a la Tierra tan intenso, que no hubiera permitido su existencia.

Estimación De Las Edades: El Reloj Atómico

Los evolucionistas insisten en que el universo tiene unos trece mil millones (13,000,000,000) de años, y que la Tierra y la Luna tienen unos cuatro mil seiscientos (4,600,000,000) millones de años de existencia. Sus aseveraciones las respaldan principalmente con cálculos basados en métodos de desintegración radioactiva.

La radiactividad es un fenómeno bastante usado en la actualidad para calcular la edad de objetos cuya historia desconocemos. Este fenómeno, descubierto hace unos cien años, consiste en que algunos átomos son naturalmente inestables, y van transformándose de un tipo a otro mediante procesos de desintegración atómica. Esta velocidad de transformación, y la cantidad y tipo de átomos encontrados en la sustancia cuya edad queremos determinar, son usados para calcular su edad.

Vamos a entrar un poco más en detalle para explicar este proceso, tomando como ejemplo uno de los métodos más usados de esta tecnología: El método o serie del carbono catorce, C^{14}.

Aquellos que tienen mucha afinidad por las ciencias estarán deleitándose con el análisis que haremos. Otros preferirán saltarse esta explicación. Bueno, no le culpamos, pero le invitamos que antes de hacerlo lea las conclusiones finales de esta sección.

Explicación De La Serie Del C^{14}

El nitrógeno de la atmósfera, N^{14}, es bombardeado por rayos cósmicos, procedentes del Sol y del resto del universo, lo que hace que su núcleo intercambie un protón por un neutrón. Como resultado los átomos estables de nitrógeno se convierten en átomos inestables de carbono, C^{14}.

Los átomos inestables de C^{14} reaccionan con el oxígeno de la atmósfera convirtiéndose en dióxido de carbono, CO_2, el cual es absorbido por las plantas. Este dióxido de carbono es una forma inestable pues su carbono no es el carbono estable, C^{12}, sino el carbono inestable, C^{14}.

Las plantas además de absorber dióxido de carbono inestable de la atmósfera, absorben dióxido de carbono estable formado por carbono 12, C^{12}. La proporción de carbono catorce a carbono doce en las plantas depende de la proporción que haya en la atmósfera. Generalmente se asume que la misma proporción de la atmósfera es la que existirá en los organismos vivientes.

La proporción de carbono catorce a carbono doce en los animales vivos se asume que es igual al de las plantas vivas, pues éstos o se alimentan de plantas, o se alimentan de otros animales que se alimentan de plantas.

Método Del C^{14}

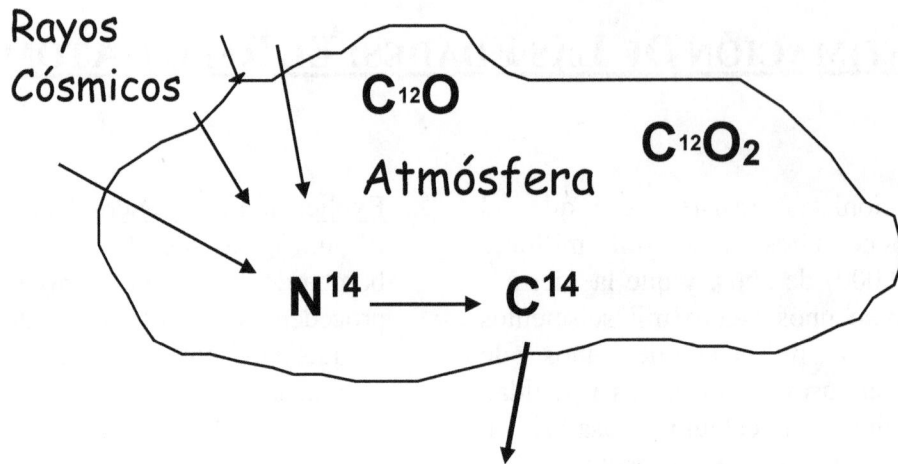

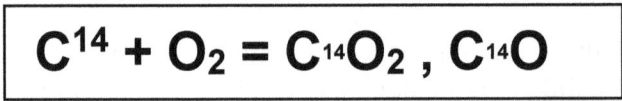

Rayos Cósmicos

$C^{12}O$

Atmósfera

$C^{12}O_2$

$N^{14} \longrightarrow C^{14}$

$$C^{14} + O_2 = C^{14}O_2 , C^{14}O$$

Proporción C^{14}/C^{12} en el aire

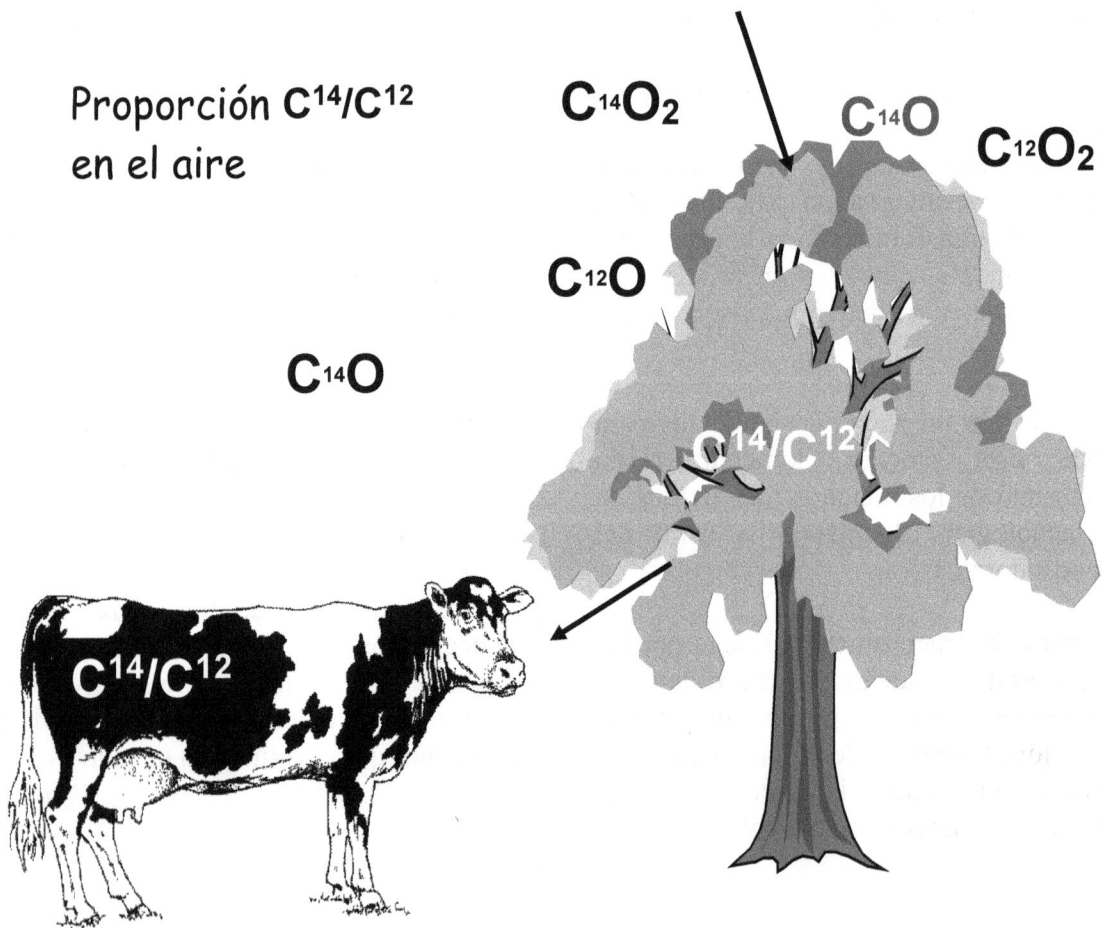

$C^{14}O_2$

$C^{14}O$

$C^{12}O_2$

$C^{12}O$

$C^{14}O$

C^{14}/C^{12}

C^{14}/C^{12}

Cuando los seres vivos mueren, dejan entonces de absorber biológicamente C^{14} y C^{12}. El C^{14} que tienen en sus células se empieza a desintegrar radioactivamente, transformándose de nuevo en N^{14}, el cual escapa a la atmósfera.

La proporción original de C^{14} a C^{12} (C^{14}/C^{12}) disminuye con el tiempo, en la medida que el C^{14} empieza a desaparecer en el organismo que ha muerto. Ésta proporción es la información experimental usada por los investigadores para estimar la fecha aproximada en que el espécimen murió. El método se emplea para proyectar la edad de cualquier organismo vivo, ya sean plantas, animales o seres humanos. Este proceso lo representamos a continuación.

Método Del Carbono 14

En La Atmósfera

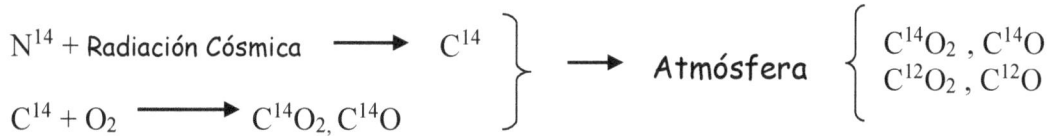

N^{14} + Radiación Cósmica $\longrightarrow$ C^{14}

C^{14} + O_2 $\longrightarrow$ $C^{14}O_2, C^{14}O$

$\Big\}$ $\longrightarrow$ Atmósfera $\Bigg\{$ $C^{14}O_2 , C^{14}O$ $\quad$ $C^{12}O_2 , C^{12}O$

La proporción C^{14}/C^{12} en la atmósfera depende de la radiación cósmica, de las concentraciones atómicas de los elementos involucrados, del campo magnético terrestre y de la velocidad de desintegración atómica del C^{14}. La proporción C^{14}/C^{12} en la actualidad es de aproximadamente 1/1,000,000,000,000; es decir un átomo de C^{14} en un billón de átomos de C^{12}.

En Los Organismos Vivos Al Morir

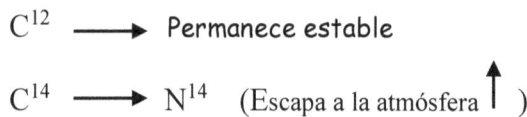

C^{12} $\longrightarrow$ Permanece estable

C^{14} $\longrightarrow$ N^{14} (Escapa a la atmósfera $\uparrow$)

La proporción C^{14}/C^{12} va disminuyendo con el tiempo.

La velocidad de desintegración del carbono se expresa, al igual que en todas las series de desintegración radioactiva, mediante su "vida media". La vida media es el tiempo que se necesita para que la mitad de los átomos radioactivos iniciales en una población sean desintegrados.

Método Del C^{14}

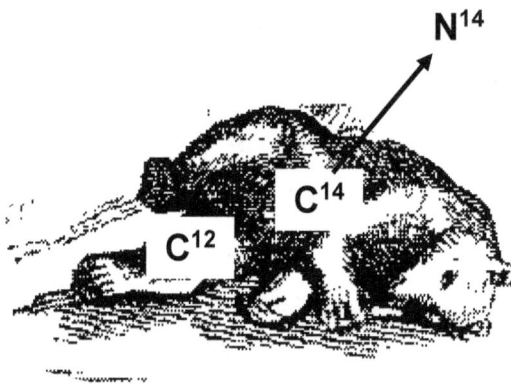

La proporción de C^{14}/C^{12} que hay en la atmósfera es infinitesimal, uno en un billón. Se asume que esta proporción es la que había en el animal o planta cuando vivía.

La cantidad de C^{14} en el animal muerto se reduce con el tiempo en la medida que los átomos de carbono se convierten en átomos de nitrógeno.

La proporción C^{14}/C^{12} que queda en el animal muerto se determina en un laboratorio, para luego estimar el tiempo transcurrido desde su muerte.

Vida Media - Aplicada Al Carbono Catorce

Vida Media ($t^{1/2}$):

$[C^{14}]^0 \longrightarrow$ 50% $[C^{14}]^0$ Tiempo: $t^{1/2}$

Donde $[C^{14}]^0$ es la concentración original de C^{14}.

La vida media para el C^{14} es aproximadamente de seis mil (6,000) años (cifra redondeada).

Limitaciones De La serie Del C^{14}

La serie del C^{14} posee varias limitaciones, entre ellas las siguientes:

i) La proporción de carbono radioactivo con respecto al carbono estable (C^{14}/C^{12}) es sumamente pequeña. Hay aproximadamente un (1) átomo de C^{14} radioactivo por cada billón (1,000,000,000,000) de átomos estables de C^{12}. Cualquier contaminación o eliminación de átomos radioactivos por causas externas, puede afectar tremendamente la validez de los cálculos de la edad del objeto estudiado.

ii) Se asume que la proporción de C^{14}/C^{12} en la atmósfera de la Tierra ha permanecido constante a través del tiempo. Pero esto no es cierto.

Si había una capa de agua protectora en la atmósfera, la velocidad de formación de C^{14} habría sido menor, así como la proporción de C^{14}/C^{12} en la atmósfera y en los seres vivientes de esa época.

El cálculo de la edad de especímenes que hubiesen muerto antes del diluvio universal, que ocurrió hace unos cuatro mil quinientos (4,500) años, arrojaría una edad mayor que la real.

El campo magnético de la Tierra es otro factor importante. Estudios de su velocidad de cambio indican que éste debió ser mucho mayor en el pasado, de manera que la protección ofrecida contra el bombardeo cósmico debió ser enorme, reduciendo grandemente la formación de carbono radiactivo. Como resultado, el cálculo de la edad de especímenes que hubiesen muerto hace unos cinco mil años o más, arrojaría una cifra mucho mayor que la real.

---

iii) Se asume que la atmósfera de la Tierra se encuentra en equilibrio con los factores que la afectan, es decir, con los procesos que forman y absorben C^{14}. Esa asunción no es aceptable si el planeta es resultado de una creación reciente, digamos de hace unos seis mil (6,000) años. Eso quiere decir, que la concentración C^{14}/C^{12} todavía sigue cambiando, y su concentración actual no puede usarse confiadamente para estimar edades muy antiguas.

iv) Se asume que los factores externos que afectan la formación de carbono radioactivo se han mantenido constantes. Pero la actividad cósmica no ha sido necesariamente constante a lo largo de miles de años. Una actividad menor resultaría en menor cantidad de C^{14}, y los especímenes de esa época aparentarían ser más antiguos.

Además de todos los factores anteriormente citados, el balance de C^{14}/C^{12} en la atmósfera es afectado por la cantidad de carbono que se introduce a ella por otras actividades, actividades volcánicas o de otra índole que pudieron haber generado, por ejemplo, una mayor proporción de carbono estable C^{12}.

Aun en nuestra era hemos observado un cambio en la concentración de carbono radioactivo en la atmósfera. Entre los años 1950 a 1960 las pruebas atómicas tuvieron un efecto significativo, incrementando la concentración de C^{14} en la atmósfera.

v) Se asume que todas las plantas y seres vivientes absorben y procesan indistintamente el C^{14} y el C^{12} de la atmósfera. Esto no es siempre correcto. Se ha encontrado que aun dentro del mismo organismo, ciertas estructuras guardan una proporción mientras que otras guardan otra.

vi) Se asume que la planta o animal una vez muerto, no recibe ni pierde C^{14} o C^{12} mediante otros procesos. Pero ésta no es siempre una buena asunción. Corrientes de agua, el medio ambiente y otros factores actuando sobre el espécimen pueden incorporar o absorber selectivamente C^{14} o C^{12} del espécimen.

vii) Se asume que la velocidad de desintegración atómica no ha cambiado con el tiempo. Esta asunción carece de verificación experimental.

Los cálculos de la serie radioactiva del carbono catorce están llenos de asunciones. La validez de los cálculos es cuestionable, sobre todo cuando las edades estimadas pasan de más de cuatro mil años.

Así como la serie del carbono catorce es usada para calcular la edad de organismos antiguos, otras series radioactivas tales como las del uranio/plomo, potasio/argón, rubidio/estroncio son usadas para estimar edades de mayor magnitud, hasta de miles de millones de años. Es importante notar que las series radioactivas, así como otros métodos de distinta índole usados por los evolucionistas para estimar edades, dependen de grandes asunciones y están afectados por serias limitaciones; su confiabilidad es dudosa o limitada.

El problema con la estimación de edades por parte de los evolucionistas es la filosofía seguida. Ellos proponen, escogen y abrazan aquellas asunciones que les permiten llegar a las conclusiones deseadas, pasando por alto o descartando aquellos resultados que las contradigan, considerándolos anómalos. Las asunciones lamentablemente no se pueden verificar en forma práctica ya que se necesitarían estudios experimentales de miles o millones de años de duración. Las condiciones reinantes cuando el universo fue creado están también fuera de nuestro alcance científico. Ellas corresponden a un evento histórico del cual no hubo un testigo ocular de la raza humana.

Lo que los evolucionistas hacen para respaldar su hipótesis es algo así como querer formar un rompecabezas a partir de sus piezas, pero descartando unas piezas y modificando convenientemente otras, para así lograr la figura que tienen en mente, aunque esa figura no sea la figura original. El resultado es otra figura ¡distinta a la del rompecabezas inicial!

Tanto en la hipótesis de la evolución como en la de la creación, lo que podemos y debemos hacer es evaluar cuidadosamente la evidencia actual, para así determinar cuál modelo encaja mejor con ella. Confiamos que este libro ayudará al lector a reconocer la validez de la hipótesis del creacionismo como un modelo con verdaderos méritos científicos, a la vez de ayudarle a reconocer que la evolución no es una teoría comprobada, si no más bien una hipótesis muy débil, sobre todo si se analiza bajo la luz de la ciencia.

La Hipótesis De La Evolución

Lo que sus proponentes hacen es formar un rompecabezas descartando unas piezas y modificando convenientemente otras, para así lograr la figura que ellos tienen en mente. El resultado es otra figura, distinta a la del rompecabezas inicial.

Ignorancia Sobre Nuestro Universo

El que los evolucionistas estimen la edad del universo es algo increíblemente especulativo pues de hecho se conoce muy poco de él. En un artículo escrito por William J. Cook y Joannie Schrof, publicado el 26 de marzo de 1990 en "US News & World Report", leemos los siguientes comentarios:

"En el principio no existía el tiempo, ni la materia, ni siquiera el espacio. Entonces de alguna manera insondable, un universo surgió de un punto, sin dimensión, de pura energía. En el primer segundo salvaje el naciente, caliente, universo se infló llegando a tener el tamaño de nuestro sistema solar. Después de tres minutos, el expansivo universo se convirtió en una bomba de fusión, sintetizando núcleos de hidrógeno, helio y litio de la sopa densa y caliente de partículas elementales. Cuando el universo tenía trescientos mil (300,000) años se había enfriado lo suficiente como para permitir la formación de átomos, y antes de que mil millones (1,000,000,000) de años hubieran pasado los átomos se estaban agrupando en la primera galaxia."

Hay una frase muy apropiada para esto que acabamos de leer: *¡Pura especulación!* Desafortunadamente el lector que no usa juicio crítico acepta emocionado semejante aseveración, sin dudarla o cuestionarla, creyendo por fe que todo empezó así. Sin embargo los siguientes comentarios que aparecen en el mismo artículo, dan a saber lo poco que conocemos de nuestro universo:

"Los investigadores se han quedado, de un solo, sin evidencias. No pueden explicar ninguna estructura en el universo, y ahora cuentan con un universo con mucha más estructura por explicar."

"Los modelos elegantes que han sido afilados en las dos décadas pasados por los físicos para explicar la formación del universo se están resquebrajando..."

"La vía láctea es una de miles de millones de galaxias... Cómo estas estructuras dinámicas y masivas fueron formadas es ahora un misterio."

"Las implicaciones para la cosmología son desconocidas, pero probablemente enormes, si la existencia de materia oscura es finalmente comprobada; pues ello significaría que noventa por ciento (90%) del universo está formado por partículas que ni existen en nuestro vocabulario científico."

El punto que deseamos hacer es que lo que se creía y enseñaba con certeza, se derrumbó. Y eso mismo vuelve a ocurrir constantemente. Los evolucionistas no pueden seguir insistiendo, con la conciencia tranquila, en la edad de un universo del que conocemos tan poco; un universo del cual los evolucionistas descubren cada día más que estaban equivocados respecto a lo que creían sobre él.

IMPLICACIONES DE LA EVOLUCIÓN

Más Que Un Ejercicio Académico

La evolución no es simplemente un ejercicio mental o académico, sin efecto en nuestras vidas. Al contrario, su alcance va mucho más allá del aula escolar o del museo. Su impacto en nuestras sociedades, y en el comportamiento de las personas, es enorme.

Una sociedad que cree que el ser humano es resultado de procesos accidentales, es una sociedad dirigida al desorden y al caos.

La generación que cree que el ser humano es resultado de procesos fortuitos, no tiene suficiente motivación para establecer o respetar un código de comportamiento moral y noble. Ante tal posición, un código de normas de comportamiento que incluya cualidades como la fidelidad matrimonial, la responsabilidad paternal y el respeto a la vida ajena, entre otras, constituiría simplemente un modelo de comportamiento arbitrario.

Las leyes arbitrarias no infunden mayor respeto; o son desobedecidas abiertamente, o son violadas cuanto nadie ve, si es que hay una penalización social por su violación.

Las prácticas del aborto, la homosexualidad y el lesbianismo serían perfectamente aceptables, expresiones naturales que la especie humana tendría derecho a probar en su lucha por su supervivencia y definición. Y esto es lo que precisamente vemos. El incremento de estas prácticas en la sociedad es resultado de la propagación de la idea que el ser humano es simplemente producto de una explosión seguida de una serie de accidentes.

Conciencias Cauterizadas

Otras prácticas que vemos en aumento en nuestras sociedades modernas son el suicidio y la eutanasia. Es natural que si el hombre no es más que un producto accidental de átomos y moléculas, sin propósito; no habría motivo para seguir viviendo cuando las circunstancias se vuelven difíciles. Cada persona tendría el derecho natural de hacer lo que quisiera, sin llevar culpabilidad por ninguno de sus actos, pues supuestamente no hay un Creador, ni tampoco un código de comportamiento moral, establecido por ese Ser superior para definir la conducta humana aceptable.

No existiendo una ley moral, no habría violación de la ley pues no existiría la ley. Al no haber violación de la ley no habría culpa. Si acaso alguien experimentara un sentido de culpa, pudiera aplacarlo diciendo que es solamente una reacción más del cuerpo, un producto más de los procesos accidentales de la evolución.

Y eso es lo que vemos, una cultura de hombres y mujeres que, creyendo que son producto de la evolución, han aprendido a callar sus conciencias, pasando por alto a Dios y sus leyes.

La generación que cree que el ser humano es resultado de procesos fortuitos, no tiene suficiente motivación para establecer o respetar un código de comportamiento moral y noble, pues éste sería arbitrario.

★

Las leyes arbitrarias no infunden mayor respeto; o son desobedecidas abiertamente, o son violadas cuanto nadie ve, si es que hay una penalización social por su violación.

La Sicología Evolucionista

La sicología evolucionista es un nuevo campo que busca entender la mente y el comportamiento humanos bajo la luz de su supuesto origen evolutivo: ¡Sus implicaciones son desastrosas!

La portada de la revista "TIMES" del 15 de agosto de 1994 presenta un anillo de bodas roto en dos, y el título: *"Infidelidad. Puede que esté en nuestros genes"*. El artículo central menciona que en su evolución al hombre le conviene sembrar sus semillas (espermatozoides) a lo largo y ancho del camino. Y que si bien *"Las buenas noticias de la sicología evolucionista son que los seres humanos están diseñados para enamorarse, la mala noticia es que no están diseñados para permanecer ahí* (en el matrimonio)". Ésta es una de las erróneas y lamentables conclusiones a las que conlleva la evolución.

Evolución Social

La Enciclopedia Británica menciona que la evolución es una *"poderosa tendencia de pensamiento que ha influenciado todas las ciencias sociales... el impacto de "El Origen de las Especies" de Charles Darwin, publicado en 1859 fue por supuesto, grande, y adornó lo atractivo del punto de vista evolucionista de las cosas...."* Dicha fuente menciona en una sección sobre el marxismo que *"Marx hizo la lucha de las clases el hecho central de la evolución social"*. El paralelo es indiscutible, por un lado Darwin propone la lucha de las especies como la fuerza central en la evolución y mejoramiento de ellas, por otro lado Marx propone la lucha de las clases como la fuerza central de la evolución social.

Impacto Espiritual

Arthur Clarke, canciller de la Universidad del Espacio Internacional en Colombo, Sri Lanka, expresó en un artículo sobre la búsqueda de vida extraterrestre, en la revista "LIFE" de septiembre de 1992, que somos el producto final de una serie innumerable de eventos accidentales, comparándolo con el resultado fortuito del que tira los dados en un juego de cartas.

El señor Clarke menciona que el programa SETI es como el tic tac de una bomba a punto de destruir las fundaciones de muchas de nuestras religiones. Efectivamente, el concepto de que el hombre es resultado de una serie de accidentes, y no del diseño y propósito específicos de un Ser supremo, es un concepto totalmente contrario a las bases fundamentales del cristianismo.

Lamentablemente, la evolución no es una bomba que destruya las murallas de la ignorancia, sino más bien una bomba que atenta contra los fundamentos del método científico, y sobre todo contra los fundamentos espirituales de la verdad y la moralidad.

La evolución es una bomba que atenta contra los fundamentos del método científico, y sobre todo contra los fundamentos espirituales de la verdad y la moralidad. Estos fundamentos espirituales no son incompatibles, o menos objetivos y reales que los de las ciencias físicas. De hecho, son de máxima importancia para el desarrollo y realización completa y saludable del ser humano.

Pierre Teilhard de Chardin, paleontólogo jesuita declaró que *"La evolución es un postulado, ante el cual todas las teorías, todas las hipótesis, todos los sistemas deben – de ahora en adelante – postrarse, y el cual deben satisfacer si han de ser pensables y verdaderos"*. Ésta es obviamente una posición filosófica, escogida como teoría gobernante, sin la debida verificación experimental. Una posición de gran impacto destructor para aquellos que son débiles en la fe cristiana.

El señor de Chardin buscó aplicar la hipótesis de la evolución no sólo en el campo científico sino también en el espiritual, reinterpretando las enseñanzas del cristianismo. De acuerdo a la Enciclopedia Británica, *"Teilhard vio teológicamente el proceso de evolución orgánica, como una secuencia de síntesis progresiva, cuyo último punto de convergencia es Dios.*

Cuando la humanidad y el mundo material hayan alcanzado su estado final de evolución y agotado todo el potencial de desarrollo futuro, una nueva convergencia entre ellos será iniciada por la segunda venida de Cristo... La maldad es presentada por Teilhard meramente como dolores de crecimiento dentro del proceso cósmico: el desorden que es implícito al orden en proceso de realización."

La posición de Teilhard de Chardin no encaja con las palabras fuertes que los profetas del Antiguo Testamento y Juan Bautista proclamaron en contra de los que abrazan la maldad sin arrepentirse. Las palabras apasionadas de Jesús en las aldeas y campos de Judea y Galilea, hace dos mil años, no nos hacen pensar que Él vio la maldad simplemente como *"dolores de crecimiento"* del ser humano en su proceso hacia la perfección.

"La maldad es presentada por Teilhard meramente como dolores de crecimiento dentro del proceso cósmico: el desorden que es implícito al orden en proceso de realización."

Enciclopedia Británica

Violencia

La hipótesis de la evolución influencia cómo la sociedad se interpreta a sí misma, afectando indudablemente sus decisiones y desarrollo.

En la página Web de la revista "Scientific America" apareció un artículo titulado "Entendiendo la violencia", en el cual se busca interpretar el comportamiento humano a la luz de la evolución. Dicho artículo publicado el 31 de julio del 2000 menciona que *"Tal vez la ciencia nunca explique completamente actos violentos como la masacre en la escuela secundaria de Columbine (Estados Unidos)... pero varios estudios – algunos investigando los orígenes evolutivos de la agresión; y otros, nuestra habilidad consciente de controlarla – están cambiando las maneras en que los científicos ven la violencia... primatólogos* (los que estudian a los primates) *sugieren que el comportamiento agresivo debe ser visto como una forma normal de competencia y negociación entre los grupos, y no como un instinto fundamentalmente antisocial"*.

Vemos las terribles ramificaciones de la evolución, al reducir al ser humano simplemente a una especie animal más, un animal que evolucionó del mono. Si los sociólogos siguen buscando en los animales las respuestas para los problemas de la sociedad, terminaremos comportándonos como animales.

De acuerdo a lo que expusimos anteriormente, esta manera de pensar es nociva para el hombre y la sociedad; resultando en una erosión de la apreciación y respeto a las leyes morales dadas por el Creador, pues supuestamente el hombre es resultado de procesos evolutivos, no de la creación directa de Dios. Las leyes morales del cristianismo son vistas simplemente como algo de valor relativo, cuestionable y reemplazable; algo ideado por los hombres. No nos debemos dejar engañar, esta manera de pensar tiene un efecto tremendo y negativo en los individuos y en la sociedad.

El Universo Habla

El influyente monje Thomas Berry, quien fuera maestro de religiones orientales en la universidad jesuita Fordham (Fordham University), en Nueva York, es otra persona que ha usado la evolución para moldear y proyectar sus creencias espirituales. La revista "Newsweek" del 15 de junio de 1989 hizo los siguientes comentarios en el artículo "Una Nueva Historia de la Creación":

"Berry declara que... la historia que (el universo) *dice de su propia evolución, desde polvo cósmico hasta la conciencia humana, provee el texto sagrado y el contexto para entender el lugar que le corresponde al hombre en la creación de Dios... Berry también critica al cristianismo por su preocupación por la redención de este mundo mediante una relación personal con un Salvador, eclipsando toda preocupación del orden y proceso cósmico."*

Según Berry, el universo habla de su evolución. Dicha evolución proveyendo, supuestamente, las bases para entender la posición que le corresponde al hombre, dentro del proceso cósmico. El cosmos siendo central, por lo que la preocupación primordial del cristianismo por la redención humana mediante una relación personal con el Salvador es, de acuerdo al monje, un error.

En algo estoy de acuerdo con el señor Berry, en que el universo dice algo. Ciertamente ¡el universo habla! Las maravillas del universo, sus leyes y esplendor son un testimonio silencioso, pero poderoso, de la gran sabiduría, majestuoso diseño y poder del Creador que lo originó. Sí, el universo habla, pero ¡no dice nada de la evolución! El universo, contrario a lo que asevera Berry, apunta a un gran Creador no a la evolución.

El mismo universo, el mundo en que vivimos, también muestra que hay una gran crisis, que algo anda ¡muy mal!

Las catástrofes naturales, las enfermedades, las plagas, la muerte, la injusticia, la violencia, el desorden social, las guerras, todo ello nos motiva a buscar respuestas, respuestas más allá de las dadas por las estrellas y las leyes de la naturaleza; respuestas que no podemos encontrar en ningún otro lugar excepto en la Palabra revelada de Dios. Ella, la Palabra de Dios, es el texto sagrado donde podemos descubrir nuestro origen y destino.

Ciertamente el universo habla. Pero contrario a la opinión del monje Thomas Berry, el universo no dice nada de la evolución. Las maravillas del universo, sus leyes y su esplendor son un testimonio silencioso, pero poderoso, de la gran sabiduría, majestuoso diseño, y poder del Creador que lo originó.

Segunda Parte

Revelación Sobrenatural

EL TESTIMONIO DEL CREADOR

El universo da testimonio de la existencia de Dios, un Ser sobrenatural de carácter maravilloso, muy superior al ser humano. Tal como escribió David hace casi tres mil años: *"Los cielos proclaman la gloria de Dios, y la expansión anuncia la obra de sus manos. Un día transmite el mensaje al otro día, y una noche a la otra noche revela sabiduría. No hay mensaje, no hay palabras; no se oye su voz. Mas por toda la Tierra salió su voz, y hasta los confines del mundo sus palabras."* Salmo 19:1-4.

En otras palabras, David exclama que el firmamento, el día y la noche, revelan gran sabiduría, mostrando lo grandioso que es Dios. Aunque no con palabras humanas, el universo "habla". Las maravillas de la creación son un testimonio poderoso que llega a todas partes, hasta los confines del mundo.

Lo espléndido de una puesta de Sol en el mar es un bello ejemplo de la creación, dando testimonio de su Creador. Las nubes suavemente deslizándose en el horizonte, mientras el Sol va bajando. Las aves volando en hermosa formación. Los rayos de luz pintando el panorama con amarillo, naranja, violeta y otras tonalidades magníficas. El fondo azul poco a poco atenuándose, como anunciando que la febril agitación del día va finalmente a cesar, a entrar a un reposo, a un descanso necesario.

Y qué diremos si vamos a las montañas y observamos el despliegue de pinos que, como verde manto, cubren los montes ondulados; otra maravilla de la creación que habla de Dios. La suave brisa moviendo las ramas. Los pájaros entonando sus hermosos himnos. Sus distintos plumajes, negros, azules y otros colores adornando el paisaje. Las ardillas corriendo, escapando del paso del caminante. El riachuelo fluyendo, como abrazando tiernamente las rocas sobre las que se desliza. Agua fresca y cristalina, bajando sobre sendas trazadas como por la mano de un gran Artista.

Si levantamos la mirada en la noche, observamos entonces el majestuoso firmamento. Lejos de las luces de la ciudad podemos admirar las luces celestiales, las estrellas centelleantes, diamantes de belleza exquisita adornando la serena noche. La Vía Láctea, un brochazo majestuoso sobre manto de indescriptible paz. El resplandor de la Luna bañando graciosamente la campiña.

El apóstol Pablo proclamó en su carta a los Romanos la misma verdad exclamada por el salmista. Este hombre, apasionado por el Dios que había llegado a conocer, escribió que *"...desde la creación del mundo, sus atributos invisibles, su eterno poder y divinidad, se han visto con toda claridad, siendo entendidos por medio de lo creado..."* Romanos 1:20. De acuerdo a Pablo no hay excusa para que alguien ignore la existencia de Dios. Sus características invisibles, su gran poder y cualidades sobrenaturales, se pueden reconocer y entender claramente por lo que Él ha creado.

De acuerdo al apóstol Pablo, no hay excusa para que alguien ignore la existencia de Dios. Sus características invisibles, su gran poder y cualidades sobrenaturales, se pueden reconocer y entender claramente por lo que Él ha creado.

El hombre fue creado con la capacidad de entender que el universo fue hecho por un Ser poderoso y divino, un Ser de otro mundo, un mundo espiritual, un mundo sobrenatural, un mundo celestial. Pero hace falta más que aceptar la existencia de un Ser superior. El ser humano tiene también la necesidad enorme de conocer a su Dios, y conocer la razón de su propia existencia.

Así como todas las cosas son hechas con un propósito, el hombre fue creado con un propósito. Todos tenemos la necesidad enorme de conocer ese propósito, de conocer nuestro destino.

El universo muestra por un lado, gran hermosura y orden; pero por otro lado, tremendo caos y dolor. La naturaleza humana demanda explicación a este contraste sombrío y macabro. La madre que habiendo amamantado con gran ternura a su bebé, le enseñó sus primeras palabras y ayudó a dar sus primeros pasos, no puede ser indiferente a la tragedia de verlo desvanecer ante el ataque de una enfermedad que le roba su último hálito de vida. Su dolor clama por una explicación.

Algo en el interior del hombre le dice que la vida fue originada con un plan, un destino mejor.

El odio y la sed de venganza que embriaga a muchos, la desconfianza y el engaño que domina las relaciones entre tantas personas, la arrogancia y explotación insensible de tantos hombres y mujeres que se aprovechan de los menos privilegiados o de los que sufren alguna necesidad, las guerras motivadas por una sed expansionista y de poder, los grandes terremotos y huracanes que destruyen miles de vidas en breve momentos, resaltando lo frágil de nuestra existencia; todo ello clama por respuestas.

Todo este universo maravilloso y complejo, toda esta belleza y armonía natural, impregnada a la vez de tan grandes tristezas, desastres, injusticias y muerte… ¿cómo es posible? ¿por qué ocurre? ¿hay alguna salida a todo este desorden? ¿existe un estado ideal donde reina lo hermoso, lo noble, la belleza y la armonía; donde no haya muerte, ni dolor, ni injusticia, ni violencia, ni amargura, sino paz y alegría?

El universo muestra por un lado, gran hermosura y orden; pero por otro lado, tremendo caos y dolor. La naturaleza humana demanda explicación a este contraste sombrío y macabro.

Si bien el universo que nos rodea apunta al Creador, no nos da respuestas a las preguntas anteriores. Afortunadamente, nuestro Creador no nos ha abandonado a la oscuridad e ignorancia. Dios nos ha revelado las respuestas a todas estas cosas en las Sagradas Escrituras, la Palabra de Dios.

El salmista escribió: *"El que hizo el oído, ¿no oye? El que dio forma al ojo, ¿no ve?"* Salmo 94:9.

Las anteriores son preguntas retóricas, es decir, preguntas cuyas respuestas son implicadas, y en este caso son… ¡un rotundo sí!

Claro que sí, el que hizo el oído, oye; y el que hizo el ojo, ve; y el que hizo nuestra lengua también habla. Dios nos ha hablado y nos ha comunicado en la Biblia las verdades que necesitamos conocer.

Dios en las Escrituras nos ha revelado con mayor exactitud que en la naturaleza, quién es Él. El Creador nos ha revelado en las Escrituras con mayor claridad, cuáles son sus características, quiénes somos nosotros, y cuáles son las causas de nuestra condición actual.

No necesitamos estudiar al chimpancé para saber quiénes somos y adónde vamos. Tal como dijimos anteriormente, si buscamos entender al ser humano estudiando el comportamiento de los animales, terminaremos comportándonos como ellos, terminaremos imitando a los chimpancés. Y esto es lo que está pasando. Pero no necesita ser así. Tenemos una fuente de luz y guía confiable, las Escrituras.

El salmista escribió: *"Lámpara es a mis pies tu palabra, y luz para mi camino."* Salmo 119:105.

Investiguemos, pues, la Palabra de Dios. Ella, la Biblia, es el testimonio escrito, el testimonio confiable de Dios, de las verdades fundamentales que necesitamos conocer para poder realizarnos como seres humanos, para poder hallar plenitud en nuestras vidas.

LA BIBLIA: REVELACIÓN CONFIABLE

La Palabra de Dios es revelación confiable, verdad impenetrable por el error. En los salmos leemos las siguientes refrescantes declaraciones:

"La suma de tu palabra es verdad, y cada una de tus justas ordenanzas es eterna." Salmo 119:160.

En otras palabras, toda la Palabra de Dios es verdad. Esto implica que cada una de sus palabras, cada uno de los libros de la Biblia, incluyendo el libro de Génesis, es verdad.

La totalidad de la Palabra de Dios no pudiera ser verdad si sus componentes no fueran verdaderos.

"Me regocijo en tu palabra, como quien halla un gran botín." Salmo 119:162.

Una persona perdida en un laberinto da vueltas y vueltas hasta que se fatiga y muere, todo por no conocer cuál es la salida correcta. La Palabra de Dios es luz para guiarnos y sacarnos fuera del laberinto de la vida, de la confusión de este mundo. Es por eso que el salmista apreciaba la Palabra de Dios como un tesoro especial, como un gran botín.

Jesucristo dejó claro lo exacto, confiable y permanente de su Palabra al decir:

"El cielo y la Tierra pasarán, mas mis palabras no pasarán." Mateo 24:35.

No necesitamos creer ciegamente, sólo por que alguien nos dice que la Biblia es la Palabra inspirada de Dios. Si así fuera entonces cualquiera podría decir que la Luna es de queso, y usted lo creería también. O si alguien le dice que un trozo de madera tienen poder para ayudarle en la vida, o que el Corán es la revelación correcta de Dios, lo creería también. Pero esto no es lo que proponemos. Podemos decir que las Escrituras son la Palabra de Dios porque tenemos enorme cantidad de pruebas que lo confirman, pruebas que nos permiten creerlo sin lugar a duda.

La totalidad de la Palabra de Dios no pudiera ser verdad si cada uno de sus componentes no fuera verdadero.

EL TESTIMONIO DE LAS PROFECÍAS

Una de las evidencias más poderosas que confirman la veracidad de la Biblia son sus profecías cumplidas.

Aunque muchos hacen el esfuerzo y engañan a muchos más, haciendo dinero en el proceso, no cualquiera puede predecir el futuro incierto. En los periódicos se publican los horóscopos, en las ciudades hay personas que leen la palma de la mano, tiran las cartas, o predicen el futuro por medio de la observación de los astros. Todas ellas tienen algo en común, ninguna de esas personas tiene un buen porcentaje de éxito en sus predicciones; se equivocan todo el tiempo. Las Escrituras a cambio tienen un grado de certeza impresionante, cien por ciento (100%). Esta es una de las evidencias más poderosas que confirman la veracidad de la Biblia.

La certeza de las predicciones de los escritores bíblicos no era algo opcional. La sentencia para el profeta de Israel que profetizaba falsamente en el nombre de Dios, era morir apedreado. El hecho que su profecía no se cumpliera era prueba de que era un falso profeta. Su castigo, la muerte.

La Biblia está llena de profecías. Muchas de ellas ya han sido cumplidas, profecías extraordinarias, declaradas cientos de años antes que ocurrieran. Ellas son un poderoso testimonio de que fueron predichas bajo la inspiración de Dios. Ellas nos permiten creer las predicciones que todavía esperan cumplimiento.

Una de las grandes profecías cumplidas es la del profeta Miqueas, quien profetizó que Jesucristo nacería en la aldea de Belén.

Cuando los reyes llegaron del oriente a Jerusalén, buscando al Rey de los judíos que había nacido setecientos años después de la profecía, los escribas les hicieron saber que las Escrituras indicaban que Jesús debía nacer en Belén ¡lugar preciso donde nació!

David, rey y profeta de Israel, predijo con increíble exactitud en el salmo veintidós, muchas de las circunstancias que caracterizarían la muerte de Jesús en el Calvario. Los testigos presenciales de su crucifixión escribieron novecientos años después de las profecías de David, los detalles de la muerte de Jesús; detalles que coinciden precisamente con lo profetizado. Leamos a continuación algunas de estas profecías.

Profecía
Salmo 22:1: "Dios mío, Dios mío, ¿por qué me has abandonado? ¿Por qué estás tan lejos de mi salvación y de las palabras de mi clamor?"

Cumplimiento
En Mateo 27:46 leemos que *"alrededor de la hora novena, Jesús exclamó a gran voz, diciendo: Eli, Eli, ¿lema sabactani? Esto es: Dios mío, Dios mío, ¿por qué me has abandonado?"*

La Biblia está llena de profecías, muchas de ellas ya cumplidas, profecías increíbles, declaradas cientos de años antes que ocurrieran.

Profecía
Salmo 22:6-8: "soy... oprobio de los hombres, y despreciado del pueblo. Todos los que me ven, de mí se burlan; hacen muecas con los labios, menean la cabeza, diciendo: Que se encomiende al SEÑOR; que Él lo libre, que Él lo rescate, puesto que en Él se deleita."

El salmista profetizó que se burlarían de Jesús, que meneando la cabeza lo provocarían diciendo que se encomendara a Dios, para ver si Dios lo libraba, puesto que Él mismo decía complacer a Dios.

Cumplimiento
En Mateo 27:39-43 leemos que *"Los que pasaban le injuriaban, meneando la cabeza, y diciendo: Tú que destruyes el templo y en tres días lo reedificas, sálvate a ti mismo, si eres el Hijo de Dios, y desciende de la cruz. De igual manera, también los principales sacerdotes, junto con los escribas y los ancianos, burlándose de Él, decían: A otros salvó; a sí mismo no puede salvarse. Rey de Israel es; que baje ahora de la cruz, y creeremos en Él. En Dios confía; que le libre ahora si Él le quiere; porque ha dicho: Yo soy el Hijo de Dios."*

Profecía
Salmo 22:9-10: "Porque tú me sacaste del seno materno; me hiciste confiar desde los pechos de mi madre. A ti fui entregado desde mi nacimiento; desde el vientre de mi madre tú eres mi Dios."

El salmista menciona que Jesús, desde el vientre de su madre, sería apartado y destinado para los propósitos de Dios.

Cumplimiento
En Mateo 1:21 el evangelista escribió que el ángel le dijo en sueños a José, que al niño que nacería le pondrían por nombre Jesús, pues salvaría al pueblo de sus pecados. Vemos pues que la misión de Jesús estaba decidida y planeada desde antes de su nacimiento. Desde su nacimiento Jesús fue entregado a los propósitos redentores de Dios.

Profecía
Salmo 22:11: "No estés lejos de mí, porque la angustia está cerca, pues no hay quien ayude." David expresa acá que nadie vendría a la ayuda de Jesús en su muerte.

Cumplimiento

En el evangelio de Marcos 14:50 leemos que *"abandonándole, huyeron todos"*. Así sucedió, no hubo quien ayudara o defendiera a Jesús en la hora de su sufrimiento. Sus mismos discípulos huyeron asustados cuando la turba lo apresó en el huerto de Getsemaní.

Profecía

Salmo 22:12-13: "Muchos toros me han rodeado; toros fuertes de Basán me han cercado. Ávidos abren su boca contra mí, como un león rapaz y rugiente."

Basán era una región muy próspera al norte de Israel. La expresión anterior indica en forma simbólica, que hombres poderosos y arrogantes ofenderían verbalmente a Jesús en la hora de su muerte.

Cumplimiento

Mateo 27:41-42: *"...los principales sacerdotes, junto con los escribas y los ancianos, burlándose de Él, decían: A otros salvó; a sí mismo no puede salvarse. Rey de Israel es; que baje ahora de la cruz, y creeremos en Él."* Jesús murió en forma pública, ante los líderes religiosos, ante sus enemigos, quienes lanzaban palabras fuertes contra Él, tal como fue profetizado.

Profecía

Salmo 22:14-15: "Soy derramado como agua, y todos <u>mis huesos están descoyuntados</u>; mi corazón es como cera; se derrite en medio de mis entrañas. Como un tiesto se ha secado mi vigor, y <u>la lengua se me pega al paladar</u>, y me has puesto en el polvo de la muerte."

Cumplimiento

La crucifixión era una forma de tortura y muerte cruentísima. La víctima colgaba de las manos, el peso del cuerpo empujándolo hacia abajo <u>descoyuntando</u> sus brazos.

Colgada bajo el Sol consumidor del medio oriente la víctima sufría gran sed. El evangelio de Juan registra que Jesús exclamó *"<u>Tengo sed.</u>"* Juan 19:28.

Profecía

Salmo 22:16: "Porque perros me han rodeado; me ha cercado cuadrilla de malhechores; me horadaron las manos y los pies."

Las profecías cumplidas de la Biblia son un poderoso testimonio de que fueron predichas bajo inspiración de Dios. Ellas nos permiten creer el resto de las predicciones que esperan cumplimiento.

Cumplimiento

La palabra perro era la misma palabra usada por los judíos para referirse a los gentiles, es decir, a los extranjeros.

Sabemos que de acuerdo a las Escrituras y profecías, Jesús fue entregado por los judíos a los gentiles (a los romanos) para que lo crucificaran. También sabemos que los asesinos perforaron con clavos sus manos y pies, de acuerdo a la profecía.

El apóstol Juan escribe que Tomás, después de la crucifixión y resurrección, incrédulo que Jesús hubiera resucitado dijo: *"Si no veo en sus manos la señal de los clavos, y meto el dedo en el lugar de los clavos, y pongo la mano en su costado, no creeré."* Juan 20:25. No pasó mucho tiempo antes que Tomás viera a Jesús, y convencido exclamara *¡Señor mío y Dios mío!* Juan 20:28.

Profecía

Salmo 22:17: *"Puedo contar todos mis huesos. Ellos me miran, me observan."*

Salmo 34:19-20: *"Muchas son las aflicciones del justo, pero de todas ellas lo libra el SEÑOR. Él guarda todos sus huesos; ni uno de ellos es quebrantado."*

Cumplimiento

"Los judíos entonces, como era el día de preparación para la Pascua, a fin de que los cuerpos no se quedaran en la cruz el día de reposo (porque ese día de reposo era muy solemne), pidieron a Pilato que les quebraran las piernas y se los llevaran. Fueron, pues, los soldados y quebraron las piernas del primero, y también las del otro que había sido crucificado con Jesús; pero cuando llegaron a Jesús, como vieron que ya estaba muerto, no le quebraron las piernas." Juan 19:31-33.

Profecía

Salmo 22:18: *"reparten mis vestidos entre sí, y sobre mi ropa echan suertes."*

Cumplimiento

"Entonces los soldados, cuando crucificaron a Jesús, tomaron sus vestidos e hicieron cuatro partes, una parte para cada soldado. Y tomaron también la túnica; y la túnica era sin costura, tejida en una sola pieza. Por tanto, se dijeron unos a otros: No la rompamos; sino echemos suertes sobre ella, para ver de quién será; para que se cumpliera la Escritura: Repartieron entre sí mis vestidos, y sobre mi ropa echaron suertes." Juan 19:23-24.

Profecía

Salmo 22:27: *"Todos los términos de la Tierra se acordarán y se volverán al SEÑOR, y todas las familias de las naciones adorarán delante de ti."*

Cumplimiento

El Dios de Israel sería adorado no sólo por los israelitas sino por todas las naciones. Esta profecía se está cumpliendo ante nuestros ojos. Hombres, mujeres y niños de distintas razas, naciones, y de toda condición social y económica, adoran hoy en día al Dios de Israel, tal como lo predijo David.

Así como las anteriores hay innumerables profecías cumplidas con perfecta exactitud, constituyendo en sí una gran prueba de que la Biblia es la Palabra revelada de Dios. Ellas son también una prueba de que Dios está en control de todas las circunstancias de este mundo. Es por eso que su Palabra, Antiguo y Nuevo Testamento, se cumple exactamente. Ninguna de sus palabras ha fallado, y ninguna fallará.

Otra prueba de que las Escrituras constituyen la Palabra revelada de Dios es el testimonio de los apóstoles, tal como leemos a continuación.

EL TESTIMONIO DE LOS APÓSTOLES

Hace algún tiempo escuché el testimonio de alguien que había sido ateo y era periodista para un importante periódico de los Estados Unidos. Curioso ante el cambio favorable que su esposa experimentó al venir a Cristo, emprendió una investigación cuidadosa y lógica sobre Cristo y la Biblia, concluyendo después de un año de investigación, que el Dios de la Biblia y su Palabra son definitivamente verdad. Uno de los argumentos que lo convencieron lo elaboramos en las siguientes líneas.

Muy pocas personas están dispuestas a dar su vida por la verdad, pero nadie da su vida por una mentira; sobre todo si sabe que es una mentira.

Dudo que usted caiga en la trampa de un desconocido que se le acerca en la calle, diciendo que ha descubierto un método para reproducir el oro. Todo lo que él pide es que usted le dé su anillo de oro, para con ello producir cien libras, cien libras de oro puro, oro de la mejor calidad. Él le promete dar la mitad del oro que produzca con el anillo que usted le brinde.

Claramente ese individuo está mintiendo. Lo que esa persona quiere es robarle su anillo. Por más que insista, si usted está en su sano juicio, no le dará su anillo, sobre todo si es ¡el de bodas!

Es lógico, nadie da algo valioso por una mentira, sobre todo si sabe que es una mentira.

El problema es que, la víctima no siempre sabe que la están engañando.

Una persona engañada es capaz de dar algo valioso por una mentira, a veces hasta su propia vida.

Lo vemos frecuentemente en el Medio Oriente, donde muchos musulmanes han sacrificado, y continúan sacrificando, sus vidas en operaciones suicidas. Se amarran cartuchos de dinamita u otros explosivos, y se lanzan contra sus enemigos, ya sea un autobús de niños escolares u otro blanco. En el proceso ellos pierden sus vidas, creyendo que su sacrificio religioso les da un pase automático al cielo.

Ellos dan su vida por lo que creen que es una verdad, sin tener evidencias concretas de que es verdad. Pero, es muy difícil que el asesinato de niños inocentes le abra las puertas del cielo a nadie.

De ese mismo Medio Oriente salió hace dos mil años, otro grupo de hombres que dio su vida por otra causa.

La historia confirma que los apóstoles dieron su vida por Jesucristo. ¿Sería posible que ellos, al igual que los musulmanes suicidas, dieron su vida por una mentira? La respuesta es ¡No!

Los discípulos de Jesús habían escuchado en varias ocasiones, de los mismos labios de su Maestro, que Él iba a morir y que al tercer día iba a resucitar. Pedro trató de convencerle de que no se dejara matar. Cuando los discípulos fracasaron en persuadir a Jesús, decidieron no aceptar lo que oían. No podían creer que el Rey de Israel moriría asesinado.

Según ellos, Jesús tomaría el poder sobre Israel y avanzaría el Reino de Dios sobre la Tierra en forma visible, en ese momento. Pero los planes de Dios eran otros, el tiempo en que Dios establecería su reino en la Tierra no era ése.

En esa ocasión, en ese momento, Jesús no se sentaría en el trono terrenal a reinar, en ese momento el Mesías de Israel iba decidido a morir en Jerusalén. Ése era su objetivo.

Cuando la multitud, armada con garrotes y antorchas apresó al Buen Maestro, los discípulos huyeron. Después que fuera golpeado, azotado y clavado en la cruz del Calvario aquel nefasto viernes, las esperanzas de sus discípulos se vinieron al suelo.

A pesar de que Jesús les había dicho que todo eso iba a suceder, y que al tercer día iba a resucitar, ellos no podían imaginarse que después de algo tan terrible el Mesías volvería a la vida.

Los apóstoles habían presenciado cuando Jesús le devolvió la vida a Lázaro. Estaban convencidos que su Maestro tenía poder sobre la muerte. Pero si Él era asesinado, entonces ¿quién podría volverle a la vida?

El viernes, y el sábado después de la crucifixión de Jesús, fueron días largos y sin esperanza para los discípulos. Las palabras que había dicho Jesucristo sobre su muerte y su resurrección, parecían haberse ahogado bajo la tormenta de horror que habían presenciado.

Las horas del viernes fueron lentas, pero las del sábado fueron más lentas, pareciendo derrumbar minuto a minuto cualquier traza de esperanza que quedara.

Mas llegó el domingo. Y con el domingo, amaneció una nueva realidad. El domingo Cristo resucitó de la muerte.

Cientos de testigos pudieron confirmar la resurrección de Jesús. No se trata de que lo hubieran visto de lejos una vez. No, le vieron varias veces, y hasta comieron con Él.

> Mas llegó el domingo. Y con el domingo, amaneció una nueva realidad. El domingo Cristo resucitó de la muerte.

Fueron varias ocasiones en las cuales Jesús se apareció a los suyos. Él se apareció en distintas circunstancias a lo largo de cuarenta días, antes que ascendiera al cielo.

Aparte de Judas que se suicidó, lleno de remordimiento por haber traicionado sangre inocente, los demás apóstoles fueron testigos de Cristo y su resurrección.

A partir de ese evento, a partir de la resurrección gloriosa de Jesús, sus discípulos ya no fueron los mismos. Ese evento transformó sus vidas. De los once, diez dieron sus vidas valientemente como mártires. Y Juan, el único que escapó martirio, siendo anciano prefirió sufrir una condena a trabajos forzados en la isla de Patmos, que negar a Jesús.

Los discípulos de Jesús tuvieron la oportunidad de saber si Jesús era un impostor, un pobre fanático religioso, un desquiciado, o si era verdaderamente quien decía ser, el Hijo de Dios.

La resurrección era la prueba que decidiría todo. Si Jesús no se hubiera levantado de la muerte, ahí se hubiera acabado todo. Sus discípulos se hubieran largado. Pedro hubiera regresado a su profesión de pescador en el Mar de Galilea. Mateo hubiera buscado tal vez un trabajo más noble que el de cobrador de impuestos, pero nada más.

Si Jesús no hubiese resucitado, los discípulos hubieran comprobado que Jesús no era el Hijo de Dios. Los discípulos no hubieran dado sus vidas por una mentira, habiendo tenido la oportunidad de ver que era una mentira.

La historia nos revela, sin embargo, otro desenvolvimiento de los hechos. Jesús resucitó y sus discípulos pudieron comprobar que sus palabras son verdaderas, testificando posteriormente con sus propias vidas.

Aquel hombre ateo y periodista, después de considerar estos hechos y razones, creyó en Jesús. Siguiendo los pasos del apóstol Pablo, él ahora predica al Cristo que antes negó.

El hombre ateo no creyó sólo por creer. Él consideró los hechos, y después de examinar la evidencia concluyó que Cristo y su Palabra son verdad.

¿Ha hecho usted un esfuerzo honesto por investigar y conocer a Cristo? Si no lo ha hecho, hágalo; no se arrepentirá.

Hemos discutido la muerte de los apóstoles por su fe, pero ¿qué podemos decir de sus escritos?

La persona que lee con corazón sincero y abierto los evangelios, o las cartas escritas por Pablo y Pedro, no puede menos que maravillarse de la sabiduría, pureza e integridad que destilan. Definitivamente estos hombres, los apóstoles, no eran hombres falsos.

Tomemos por ejemplo el Sermón del Monte, las palabras inmortales de Jesús registradas en el evangelio de Mateo, capítulo 5; o las palabras de Pablo sobre el amor, encontradas en su carta a la iglesia de Corintio, I Corintios 13. Todas ellas son un monumento increíble de sabiduría divina, un poema espiritual de valor eterno, un refrigerio para el alma, una luz en este mundo de confusión.

Es importante no pasar por alto que lo que motivó al hombre ateo a investigar a Jesús y la Biblia, fue el cambio positivo que notó en su esposa después de que ella aceptara a Cristo. Ese es otro gran testimonio a la veracidad de Cristo y su Palabra, el testimonio poderoso de una vida transformada. Y son muchas las vidas que Cristo ha cambiado.

El hombre ateo no creyó sólo por creer. Él consideró los hechos, y después de examinar la evidencia, concluyó que Cristo y su Palabra son verdad.

¿Ha hecho usted un esfuerzo honesto por investigar y conocer a Cristo? Si no lo ha hecho, hágalo; no se arrepentirá.

EL TESTIMONIO DE VIDAS CAMBIADAS

La historia del cristianismo está llena de vidas transformadas, vidas cuya transformación dan testimonio de un poder muy grande, un poder sobrenatural. En las situaciones en que los sicólogos, sociólogos y la astucia, sabiduría y poder del hombre han fracasado, Cristo es capaz de entrar y rescatar una vida.

En tiempos de Cristo tenemos entre muchos, el ejemplo de Mateo, un recaudador de impuestos para el imperio romano. Su profesión se caracterizaba por ser de personas corruptas, explotadoras de su propia gente, abusando y demandando todo lo que podían para su propia ventaja. La Biblia dice que cuando Mateo escuchó la voz y el llamado de Jesús, dejó las riquezas materiales y siguió al Buen Maestro. En lugar de continuar explotando a los demás, se convirtió en un amigo del que sufre, un siervo de Dios. En lugar de continuar apuntando cuentas de las personas que explotaba, y las cantidades que lograba sacar, se convirtió en escritor de palabras de esperanza, la Palabra viva de Dios.

Zaqueo fue otro hombre transformado por Cristo. Él era jefe de los recaudadores de impuestos hasta que recibió a Jesús en su casa. Entonces, transformado exclamó: "*He aquí, Señor, la mitad de mis bienes daré a los pobres, y si en algo he defraudado a alguno, se lo restituiré cuadruplicado.*" Lucas 19:8.

Prostitutas, endemoniados, borrachos y pecadores, fueron transformados sobrenaturalmente por Jesús, transformaciones milagrosas que se siguen dando en nuestros tiempos en muchas partes del mundo.

La obra que Dios empezó en "Calvary Chapel" de Costa Mesa en la década de 1970, en el sur de California, ha sido y sigue siendo escenario grandioso del poder transformador de Jesús.

Todo empezó cuando los líderes de una pequeña congregación de unos veinticinco miembros llamaron al pastor Chuck Smith para que fuera su pastor. Chuck accedió a la petición, y un gran movimiento del Espíritu de Dios comenzó. La pequeña congregación se convirtió en la cuna de un avivamiento grandioso que ha alcanzado los extremos del mundo.

El Espíritu de Dios se empezó a manifestar tremendamente en Calvary Chapel desde su comienzo, alcanzando y transformando cientos de hippies, drogadictos y transgresores de la ley; jóvenes que la sociedad consideraba como mugre, desecho inservible. La sociedad los había descartado, pero Dios hizo una gran obra en ellos y a través de ellos.

Entre muchos, tenemos el ejemplo sobresaliente de Raúl Ries, un joven mexicano que creció con una ira encerrada, una furia atrapada en su corazón, un espíritu violento generado por las condiciones de su hogar. Siendo niño emigró a los Estados Unidos, en donde al alcanzar su juventud, por su violencia descontrolada se metió en problemas con la ley. Como alternativa a ir a la cárcel, escogió el alistarse con los Marinos ("Marines") de las Fuerzas Militares de Estados Unidos.

Prontamente después de haberse graduado, Raúl fue enviado a la guerra de Vietnam, donde dio curso libre a su violencia, descargándola contra las fuerzas enemigas. Al regresar de Vietnam se casó con Sharon, la hija de una pareja misionera. Pero las cosas no fueron por buen camino. Pronto Raúl empezó a abusar físicamente a su joven esposa, además de serle infiel. El gimnasio de Karate que tenía atraía a muchas jovencitas con quienes Raúl salía en aventuras adúlteras.

Cuando Sharon pensó dejar en secreto a su abusivo esposo, Raúl se dio cuenta. Cegado de ira manejó a su casa, y tomando su arma de alto calibre esperó a que Sharon llegara con sus hijos para asesinarlos y luego suicidarse. En esa espera, Raúl "casualmente" encendió la televisión. Su mente quedó cautivada por Chuck Smith quien exponía la Palabra de Dios, presentando el evangelio y hablando del gran amor de Dios. Raúl, cayendo de rodillas arrepentido, entregó en ese instante su vida a Jesús, quien lo transformó para siempre.

El matrimonio de Raúl fue rescatado, y su vida totalmente transformada a partir del encuentro que tuvo con Jesús en aquella ocasión. En lugar de seguir llevando jovencitas a un motel después de las clases, Raúl empezó a compartir la Biblia en su gimnasio de Karate. Muchos empezaron a venir a Cristo y a experimentar la esperanza y transformación que Raúl mismo estaba experimentado. Raúl es ahora pastor de una de las congregaciones cristianas más grandes de los Estados Unidos, localizada en la ciudad de Diamond Bar, California. Su ministerio ha florecido desde California a otras regiones del mundo, incluyendo América del Sur.

Mike MacIntosh es otro testimonio poderoso de una vida transformada por Cristo y su Palabra. Ni los hospitales, ni la medicina, ni la siquiatría, ni mucho menos la sociedad ofrecía esperanzas a este joven drogadicto. Mike había llegado al fondo, inundado con drogas, su cerebro dañado y su vida sin esperanzas, hasta que en su crisis tuvo una experiencia con Cristo, una experiencia que lo transformó completamente. Mike es ahora pastor de otra de las más grandes congregaciones de Estados Unidos, "Horizon Christian Fellowship", localizada en San Diego, California.

El que escucha predicar a Mike, su estilo sincero y humano, lleno de amor, sabiduría y sentido del humor, no sospecha las profundidades de las cuales este hombre fue rescatado. Su vida y esperanza habían desaparecido, mas ahora él lleva vida y esperanza a innumerable cantidad de jóvenes y personas de todas las edades, en California y a través del mundo entero.

Así como Raúl y Mike, hay miles de testimonios de vidas transformadas que apuntan a una influencia sobrenatural. Si usted no ha experimentado un encuentro con Jesús, ésta es la oportunidad para experimentarlo. Más adelante le indicamos el camino para llegar a tenerlo.

EL ORIGEN DEL UNIVERSO DE ACUERDO A LA BIBLIA

En El Principio Dios Creó Todo
"En el principio creó Dios los cielos y la Tierra." Génesis 1:1. Así empieza la Biblia, aseverando que Dios creó de la nada los cielos y la Tierra.

Juan nos revela en su evangelio que *"En el principio existía el Verbo, y el Verbo estaba con Dios, y el Verbo era Dios. Él estaba en el principio con Dios. Todas las cosas fueron hechas por medio de Él, y sin Él nada de lo que ha sido hecho, fue hecho."* Juan 1:1-3. En otras palabras, el Verbo, es decir la Palabra Viva, Jesús, creó todo, todo cuanto existe.

Pero Jesús no estaba solo, ni actuó solo en la creación del universo. En el primer libro de la Biblia, en Génesis 1:2, leemos que en la creación *"el Espíritu de Dios se movía sobre la superficie de las aguas"*.

También leemos que, después de crear el cosmos, al momento de crear al hombre, Dios dijo *"Hagamos al hombre a nuestra imagen, conforme a nuestra semejanza."* Génesis 1:26.

Notemos que Dios dijo "hagamos", una forma plural que implica que varias personas estaban actuando en la creación. Es claro, las tres personas de la Trinidad, el Padre, el Hijo y el Espíritu Santo, obraron juntas en la obra creadora del universo y del hombre.

La Biblia no dice que Dios haya pasado miles de millones de años haciendo experimentos para producir el universo, y perfeccionar los distintos animales hasta llegar al hombre. Lo que las Escrituras nos revelan es que Dios creó al universo en estado de perfección, con el poder de su Palabra.

Poder Creativo En El Nuevo Testamento
Que Dios haya creado el universo con el poder de su Palabra no debe parecernos imposible. Jesús mostró ese poder creador, sobrenatural, cuando caminó en la Tierra. Veamos algunos ejemplos a continuación.

Dios declaró y el universo fue hecho

La Multiplicación De Panes Y Peces

Las multitudes hambrientas que fueron milagrosamente alimentadas en dos ocasiones por Jesús, presenciaron un acto de creación.

En la primera de esas ocasiones, cinco panecillos y dos peces entregados a Jesús fueron multiplicados de manera milagrosa, alimentando a cinco mil hombres, además de todas las mujeres y niños. ¿De dónde salió tanto pan y tanto pez? Dios los creó ante los ojos de la multitud.

Dios no necesitó empezar con una sustancia química en el laboratorio para empezar a evolucionar una célula hasta producir un grano de cebada. Tampoco tuvo que sembrarlo y esperar a producir suficiente cereal, para luego molerlo y hacer masa lista para el fuego, para así producir suficiente pan para unas quince o veinte mil personas. No, Dios no necesitó nada de tiempo. En un momento, en un instante, Jesús creó no sólo el cereal, sino todo el pan, listo para comer; suficiente para toda una multitud. Un verdadero acto de creación.

La Boda De Caná

En el evangelio de Juan leemos la narración de la boda de Caná. El vino se había acabado. Los sirvientes, obedeciendo la palabra de Jesús, llenaron con agua seis tinajas de piedra que había en el lugar. Las tinajas tenían una capacidad de unos treinta galones de agua cada una, normalmente usadas para el rito de purificación de los judíos. En esta ocasión las tinajas serían la escena de un gran milagro. Juan nos cuenta que después que los siervos habían llenado de agua las tinajas, al sacar un poco siguiendo la orden de Jesús, descubrieron vino, vino de la mejor calidad.

El milagro de la boda de Caná fue nada menos que otra maravillosa demostración del gran poder de Dios. El agua sólo contiene átomos de hidrógeno y oxígeno. El vino, en cambio, contiene átomos de carbono, hidrógeno y oxígeno. Para producir vino el hombre necesita tomar jugo de uva y pasarlo por un proceso de fermentación, en el cual el azúcar es convertido en alcohol etílico. Un buen vino necesita además añejarse. Este es un fenómeno en el que el vino y su recipiente pasan por un proceso de interacción a través del tiempo; produciendo sustancias químicas que mejoran su sabor y enriquecen su aroma.

En la boda de Caná, Cristo no necesitó empezar con jugo de uva, ni necesitó muchos días para fermentarlo y convertirlo en vino. Del agua produjo vino, vino añejo, vino de la mejor calidad ¡en un instante!

> Las multitudes, milagrosamente alimentadas en dos ocasiones por Jesús, presenciaron verdaderos actos de creación.

La Resurrección De Lázaro

La aldea de Betania fue escenario de otro acto maravilloso, un acto que muestra al mundo el increíble poder creador de Dios. Efectivamente, para eso vino Jesús al mundo, para mostrarnos el poder y la gloria de Dios. En esta ocasión Betania fue escenario de la resurrección de Lázaro, amigo amado de Jesús.

Juan nos cuenta que cuando Jesús resucitó a su amigo Lázaro, cuatro días después de haber muerto *"gritó con fuerte voz: ¡Lázaro, ven fuera! Y el que había muerto salió, los pies y las manos atadas con vendas, y el rostro envuelto en un sudario. Jesús les dijo: Desatadlo, y dejadlo ir."* Juan 11:43-44.

Lázaro llevaba varios días sin vida, las células de su cerebro muertas, su cuerpo empezando a descomponerse. Notemos que Cristo, con el poder de su Palabra recreó nuevas células, limpió el cuerpo totalmente de toxinas, y le dio vida en un instante.

Cristo no necesitó nada de tiempo para limpiar y recrear células y tejidos saludables para Lázaro. Lo hizo todo en un instante, con tan solo el poder de su Palabra, su Palabra poderosa.

Ése mismo poder es el que dijo: *"Sea la luz. Y hubo luz."* Génesis 1:3. Ése mismo poder es el que dijo: *"Produzca la Tierra vegetación: hierbas que den semilla, y árboles frutales que den fruto sobre la Tierra según su género, con su semilla en él. Y fue así... Produzca la Tierra seres vivientes según su género: ganados, reptiles y bestias de la Tierra según su género. Y fue así."* Génesis 1:11, 24.

Notemos que Dios creó directamente las distintas especies vivas, vegetales y animales, de acuerdo a su género. En ningún momento dice la Biblia que Dios haya creado sólo unas especies, para luego producir las demás por medio de evolución. No, la Biblia dice que Dios creó todas las especies vivas, directamente, cada cual según su género.

Orden Y Duración De Los Eventos

El orden de la creación dado en la Biblia no armoniza con el orden que los evolucionistas insisten fue el ocurrido. Por ejemplo, en Génesis 1:11-13 leemos que Dios produjo las hierbas y los árboles en el tercer día de la creación, antes que hiciera el Sol y la Luna.

Fue hasta el cuarto día en que Dios dijo: *"Haya lumbreras en la expansión de los cielos para separar el día de la noche, y sean para señales y para estaciones y para días y para años; y sean por luminarias en la expansión de los cielos para alumbrar sobre la Tierra. Y fue así. E hizo Dios las dos grandes lumbreras, la lumbrera mayor para dominio del día y la lumbrera menor para dominio de la noche; hizo también las estrellas."* Génesis 1:14-16.

Los evolucionistas piensan que primero se formó el Sol, y que la Luna se formó después a la vez que la Tierra; millones de años antes de que la vida surgiera en nuestro planeta.

Otra discrepancia mayor entre la Biblia y los que creen que Dios creó el universo por medio de evolución, es que la Biblia revela que Dios creó todo en seis días, no en miles de millones de años. Dios creó todo en seis días y cesó la obra el séptimo día, dejándonos así un patrón de trabajo y descanso.

Los días de la creación eran días normales, no días simbólicos que representan largos períodos, como creen muchos que abrazan la evolución teísta.

De acuerdo a Génesis el Sol apareció el cuarto día, después de la creación de los árboles el tercer día. Si los días de la creación no hubiesen sido días normales me pregunto, ¿cuántas "horas" hubieran sobrevivido las plantas y árboles después de su creación? Si los días no hubiesen tenido una duración normal, todas las plantas y árboles se hubieran muerto, esperando que apareciera el Sol.

De acuerdo a muchos evolucionistas las aves evolucionaron a partir de los reptiles. La Biblia nos da en cambio un orden opuesto para su creación. En Génesis 1:20-25 leemos que Dios hizo las aves el quinto día de la creación, formando a los reptiles hasta el sexto día. Una vez más, la Biblia y la evolución no coinciden. Y si la Biblia es correcta, entonces la evolución es falsa. Dos explicaciones contrarias y opuestas no pueden ser verdaderas a la vez.

Narración Histórica

Muchos piensan que la narración de la creación del universo y del hombre presentada en el libro de Génesis es sólo una leyenda, una narración simbólica. Pero ése no es el caso.

Si bien es cierto que las Escrituras contienen lenguaje figurativo, que los salmos están llenos de lenguaje poético, eso no quiere decir que los eventos históricos no se puedan entender tal como son, narraciones confiables de lo que sucedió en dichos eventos.

Así como el nacimiento de Jesús en Belén, sus milagros, y su crucifixión en Jerusalén fueron eventos históricos, así la narración de la creación del universo es un evento histórico. Los apóstoles, y aún Jesús mismo, testificaron de la validez histórica de la Biblia y de la creación.

Jesús mismo, y los apóstoles, interpretaron literalmente la narración histórica de la creación, encontrada en el libro de Génesis.

El apóstol Pedro hace mención que en los últimos días vendrán burladores de la Biblia, personas que con sarcasmo se reirán de ella, como si fuera un cuento de hadas.

En II Pedro 3:3-6 leemos que *"en los últimos días vendrán burladores, con su sarcasmo, siguiendo sus propias pasiones, y diciendo: ¿Dónde está la promesa de su venida? Porque desde que los padres durmieron, todo continúa tal como estaba desde el principio de la creación. Pues cuando dicen esto, no se dan cuenta de que los cielos existían desde hace mucho tiempo, y también la tierra, surgida del agua y establecida entre las aguas por la palabra de Dios, por lo cual el mundo de entonces fue destruido, siendo inundado con agua..."*

Pedro menciona en el Nuevo Testamento que la tierra fue establecida entre las aguas por la Palabra de Dios, totalmente de acuerdo con la narración del Antiguo Testamento, escrita en el libro de Génesis mil quinientos años antes. En Génesis 1:6-10 leemos que:

"...dijo Dios: Haya expansión en medio de las aguas, y separe las aguas de las aguas. E hizo Dios la expansión, y separó las aguas que estaban debajo de la expansión, de las aguas que estaban sobre la expansión. Y fue así. Y llamó Dios a la expansión cielos. Y fue la tarde y fue la mañana: el segundo día. Entonces dijo Dios: Júntense en un lugar las aguas que están debajo de los cielos, y que aparezca lo seco. Y fue así. Y llamó Dios a lo seco tierra, y al conjunto de las aguas llamó mares. Y vio Dios que era bueno."

En otras palabras, la tierra surgió de entre las aguas, y los mares fueron formados por la Palabra de Dios. Así fue registrado en el libro de Génesis, y así lo interpretó y creyó el apóstol Pedro. Él, habiendo presenciado el poder de Cristo, no tuvo motivo para dudar.

También leemos que Dios separó las aguas, poniendo la atmósfera en medio, de manera que quedó el agua de los mares abajo, y otra capa de agua arriba de la atmósfera de la Tierra. Esta capa de agua cayó sobre la Tierra durante el diluvio, causando una inundación global. A esto se refiere Moisés cuando escribió que las compuertas del cielo se abrieron. *"El año seiscientos de la vida de Noé, el mes segundo, a los diecisiete días del mes, en ese mismo día se rompieron todas las fuentes del gran abismo, y las compuertas del cielo fueron abiertas. Y cayó la lluvia sobre la Tierra por cuarenta días y cuarenta noches."* Génesis 7:11-12.

Cristo mismo dio validez histórica al libro de Génesis y a la historia de la creación. En una ocasión en que enseñaba sobre el divorcio, respondiendo a los fariseos dijo *"¿No habéis leído que aquel que los creó, desde el principio los hizo varón y hembra, y añadió: Por esta razón el hombre dejará a su padre y a su madre, y se unirá a su mujer; y los dos serán una sola carne? Por consiguiente, ya no son dos, sino una sola carne. Por tanto, lo que Dios ha unido, ningún hombre lo separe."* Mateo 19:4-6.

Vemos que Jesús partió del origen del hombre revelado en Génesis para su respuesta, atestiguando que Dios creó a una pareja, una pareja que Dios unió como marido y mujer, una pareja de la cual provino toda la humanidad.

Notemos la pregunta de Jesús para contestarles a los fariseos: *"¿No habéis leído...?"* Si la narración de la creación en el libro de Génesis es simplemente una leyenda, eso es una cosa; pero si es una narración histórica, eso es otra cosa.

Al hacer Jesús su pregunta a los fariseos estaba implicando la historicidad de la narración bíblica, y sobre todo, cuán importante es poner atención a todo lo escrito en las Sagradas Escrituras. Tal como escribió Isaías: *"Sécase la hierba, marchítase la flor, mas la palabra del Dios nuestro permanece para siempre."* Isaías 40:8.

El reconocer el poder de Dios y la exactitud de la Palabra de Dios, no es simplemente una actitud religiosa deseable. De hecho el no hacerlo trajo reprensión por parte de Jesús.

Tal como leemos en Mateo 22:29, Jesús reprendió a los saduceos, un grupo religioso que no creía en la resurrección de los muertos, ni en ángeles, ni en la vida eterna. Jesús les dijo: *"Estáis equivocados por no comprender las Escrituras ni el poder de Dios."*

Precisamente, muchas personas están confundidas o equivocadas hoy en día, por no comprender las Escrituras, ni el poder de Dios.

Pablo también habló de la historicidad de Adán y Eva. En su primera carta a Timoteo escribió, de acuerdo al libro de Génesis, que *"Adán fue creado primero, después Eva."* I Timoteo 2:13.

La Muerte Entró Por el Pecado

En su carta a los Romanos 5:14 el apóstol Pablo dice que *"... la muerte reinó desde Adán hasta Moisés, aun sobre los que no habían pecado con una transgresión semejante a la de Adán, el cual es figura del que había de venir."*

En I Corintios 15:22 escribió que *"así como en Adán todos mueren, también en Cristo todos serán vivificados."* Es decir, que así como a través de Adán, por el pecado, la muerte entró al mundo; así la vida eterna es disponible para todos por medio de Jesucristo.

Notemos que la muerte entró al mundo por el pecado. Antes de que Adán y Eva pecaran no había muerte. Esto es lo que enseñan las Escrituras. Eso es lo que enseña el libro de Génesis escrito por Moisés.

"Si creyerais a Moisés, me creeríais a mí." Jesús de Nazaret (Juan 5:46)

Todo Era Bueno En Gran Manera

Todo lo que Dios creó, en su estado original, era bueno. Las Escrituras lo confirman al registrar muchas veces la expresión de Dios testificando que lo creado era bueno.

Cuando hizo la luz *"vio Dios que la luz era buena..."*. Génesis 1:4. Cuando creó las hierbas del campo y los árboles *"vio Dios que era bueno"*. Génesis 1:12. Cuando creó el Sol, la Luna y las estrellas *"vio Dios que era bueno"*. Génesis 1:18. Cuando creó los peces del mar y las aves del cielo *"vio Dios que era bueno"*. Génesis 1:21. Cuando creó los animales de la Tierra, el ganado, los reptiles y las bestias del campo *"vio Dios que era bueno"*. Génesis 1:25.

Cuando creó al hombre, figura central de su creación, al terminar la obra creativa, al final de los seis días *"vio Dios todo lo que había hecho, y he aquí que era bueno en gran manera. Y fue la tarde y fue la mañana: el sexto día"*. Génesis 1:31.

Dios declaró que lo que había creado era bueno, bueno en gran manera. Esto descarta la posibilidad de que Dios haya usado en la creación del mundo un proceso cruel, imperfecto y violento, como el propuesto por Darwin y sus seguidores, un proceso basado en la lucha cruenta entre las especies, la destrucción de unos animales por otros, compitiendo por los recursos de su ambiente para sobrevivir.

Para Darwin las especies fueron evolucionando de formas dolorosamente imperfectas, en un ambiente caótico, hasta llegar a las expresiones de vida que vemos hoy. La Biblia declara lo contrario.

Cuando Dios creó la Tierra y la vida en ella, lo hizo todo perfecto. La belleza, la armonía, la vida y salud perfecta reinaban en el planeta. No había mancha de tristeza, dolor o muerte. Todo era bueno, bueno en gran manera.

Pablo dejó claro que la muerte es el fruto del pecado: *"Porque la paga del pecado es muerte, pero la dádiva de Dios es vida eterna en Cristo Jesús Señor nuestro."* Romanos 6:23. La muerte no entró hasta que entró el pecado, fue hasta entonces que entraron el sufrimiento, las enfermedades, el dolor y la violencia.

Dios declaró que lo que había creado era bueno, bueno en gran manera. Esto descarta la posibilidad de que haya usado en la creación del mundo un proceso cruel, imperfecto y violento, como el propuesto por Darwin y sus seguidores.

EL HOMBRE: INTELIGENTE Y HÁBIL DESDE SU CREACIÓN

Muchos museos y libros escolares exhiben ilustraciones de seres que muestran una apariencia intermedia entre el mono y el hombre. Estos eslabones son presentados como criaturas brutas, sin la capacidad intelectual del ser humano, criaturas de mayor inteligencia que el chimpancé pero menos avanzados que la mente humana.

La Biblia nos revela un escenario totalmente distinto. Cuando Dios creó al hombre lo creó con toda la plenitud de sus habilidades físicas e intelectuales.

¿Cómo formó Dios al hombre? Las Escrituras dicen que *"El SEÑOR Dios formó al hombre del polvo de la tierra."* Génesis 2:7.

Esta revelación nos habla de la forma singular y personal de Dios al formar al hombre. Dios no estaba creando un animal más; estaba creando a un ser especial. Dios lo estaba creando a su imagen y semejanza.

Dios tomó entonces una costilla del costado de Adán, e hizo a Eva, la madre de toda la humanidad. Dios procedió de esta manera por razones específicas, todo de acuerdo a un plan y propósito determinado.

Cuando Adán vio a Eva, emocionado de tener una compañera con la cual poder compartir la vida y la creación de Dios, exclamó: *"Ésta es ahora hueso de mis huesos y carne de mi carne."* Génesis 2:23.

La primera pareja habitaba en el huerto del Edén, un lugar hermoso plantado por Dios en el área del Golfo Pérsico, muy cercano a la frontera actual entre Irak e Irán.

"Del Edén salía un río para regar el huerto, y de allí se dividía y se convertía en otros cuatro ríos... Y el nombre del tercer río es Tigris; éste es el que corre al oriente de Asiria. Y el cuarto río es el Éufrates." Génesis 2:10-14.

La Biblia nos revela que el hombre que Dios creó era muy inteligente, capaz de tener comunión con Él, capaz de entender instrucciones y hablar.

En Génesis 2:19 leemos que *"el SEÑOR Dios formó de la tierra todo animal del campo y toda ave del cielo, y las trajo al hombre para ver cómo los llamaría; y como el hombre llamó a cada ser viviente, ése fue su nombre."*

Adán les puso nombre a los distintos animales. Es decir, Adán tenía un cerebro perfectamente desarrollado, creado con habilidad de entender y comunicarse inteligentemente.

Así es, la Biblia nos muestra un escenario distinto al planteado por la evolución en cuanto a la habilidad de nuestros antepasados.

En Génesis 4:2 leemos que *"Abel fue pastor de ovejas y Caín fue labrador de la tierra."*

Los hijos de nuestros primeros padres tenían inteligencia y habilidad. Ellos eran capaces de labrar la tierra y pastorear ovejas.

La Biblia nos enseña que Caín hasta edificó una ciudad (Génesis 4:17), y que la sexta generación de sus descendientes tocaba la lira y la flauta. Tubal-caín, de la misma generación, fue forjador de utensilios de bronce y hierro.

Contrario a los proponentes de la evolución, las habilidades de nuestros primeros antepasados no consistían simplemente en rascarse como chimpancés y caminar encorvados.

Nuestros primeros padres fueron seres completos y desarrollados como nosotros, con gran inteligencia, con la ventaja de haber sido creados sin ninguna corrupción biológica o genética.

Lo que observamos en la actualidad es que el deterioro del planeta y las mutaciones genéticas incrementan con el tiempo. Los hombres con cerebros más completos y funcionales fueron nuestros primeros padres, no nosotros.

Pocas Generaciones Desde Adán Hasta Jesús

La evolución enseña que el hombre tiene cientos de miles de años de caminar por la Tierra. Pero la Biblia enseña otra cosa. De acuerdo a las Escrituras el hombre tiene sólo unos seis mil años de caminar por el planeta, cuya edad es similar.

El evangelio de Lucas da una lista de las generaciones que hubo desde Adán hasta Jesús, siendo éstas menos de ochenta en número. Si alguno arguyera que los nombres incluidos en el evangelio de Lucas representan, en algunos casos, nombres de

nietos en lugar del de hijos; y si redondeáramos el número de generaciones a cien, asumiendo también que cada generación vivió cien años, el tiempo transcurrido desde Adán a Jesús hubiera sido sólo de diez mil años.

Para llegar a creer que el hombre tiene cientos de miles, o millones, de años sobre la Tierra necesitaríamos contradecir la narración bíblica. Es la palabra de algunos hombres contra la de Dios. ¿En cuál escoge usted descansar, y confiar su destino eterno?

DESNUDEZ ESPIRITUAL

Las Escrituras mencionan que Adán y Eva estaban desnudos antes de pecar, y no se avergonzaban de ello. No fue si no hasta que entró el pecado que Adán y Eva sintieron vergüenza, cubriéndose con hojas de higuera.

La relación entre el pecado y la vergüenza es clara. Cuando Adán y Eva pecaron sintieron sus conciencias sucias. Habiendo traicionado la confianza de un Dios amoroso y perfecto, habiendo dudado de su Palabra, abrazando en cambio la mentira de Satanás, sintieron vergüenza.

Cuando pecaron, todo cambió. Su naturaleza limpia y pura se corrompió, volviéndose inmunda y fétida espiritualmente, repugnante ante un Dios perfecto y santo.

Adán y Eva trataron de cubrir su vergüenza físicamente, ya que no podían cubrirse espiritualmente. El uso de hojas de higuera era una expresión externa de la vergüenza interna que experimentaban.

En Génesis 3:21 leemos que Dios en su misericordia les dio vestiduras de piel para cubrirlos. En otras palabras, Dios sacrificó un animal para poder cubrir a Adán y Eva.

La cobertura que ellos habían hecho no era buena, las hojas de la higuera no eran buenas. Ellos necesitaron la cobertura que Dios les dio, la cobertura que fue posible a través de un sacrificio. Ese sacrificio estaba lleno de simbolismo pues apuntaba al sacrificio que un día Cristo haría en la cruz del Calvario, como pago por nuestros pecados.

El sacrificio del Calvario ofrece hoy en día esa cobertura espiritual efectiva que necesitamos para cubrir nuestra vergüenza, la vergüenza de nuestras almas, la vergüenza que producen nuestros pecados.

Esa cobertura es la sangre derramada en el Calvario, la cobertura que cubre nuestros pecados y nos hace aceptables ante Dios, un Dios santo y perfecto que no puede ver la maldad, ni mucho menos habitar con ella.

El hecho que la humanidad necesita ropa para cubrir su vergüenza es un testimonio a lo narrado en el libro de Génesis, y al origen de esa vergüenza.

La humanidad, sin embargo, va de mal en peor, su conciencia, una conciencia cada vez más inerte a las verdades espirituales, degenerándose cada día más y más.

El cubrirse con hojas de higuera era una expresión externa para tratar de cubrir la vergüenza interna que experimentaban.

Las palabras que el apóstol Pablo escribió en su segunda carta a Timoteo las estamos viendo en nuestros tiempos: *"Pero debes saber esto: que en los últimos días vendrán tiempos difíciles. Porque los hombres serán amadores de sí mismos, avaros, jactanciosos, soberbios, blasfemos, desobedientes a los padres, ingratos, irreverentes, sin amor, implacables, calumniadores, desenfrenados, salvajes, aborrecedores de lo bueno, traidores, impetuosos, envanecidos, amadores de los placeres en vez de amadores de Dios; teniendo apariencia de piedad, pero habiendo negado su poder..."* II Timoteo 3:1-5.

PROPÓSITO Y DESTINO DE NUESTRAS VIDAS

La hipótesis de la evolución no le ofrece respuesta alguna al hombre sobre cuál es el propósito de su existencia. La Biblia sí.

El apóstol Juan escribió en su primera carta: *"Amados, amémonos unos a otros, porque el amor es de Dios, y todo el que ama es nacido de Dios y conoce a Dios. El que no ama no conoce a Dios, porque Dios es amor."* I Juan 4:7-8.

La Biblia nos enseña que Dios es amor. Y motivado por su gran amor creó al hombre, para hacerlo objeto de ese amor, para derramar su bondad en él y tener comunión con él.

Dios en su gran amor creó la Tierra y el universo, en toda su hermosura y perfección, para luego ponerlos bajo el dominio del hombre. Lamentablemente nuestros primeros padres, Adán y Eva, desobedecieron la voluntad de Dios, rebelándose contra su instrucción y recibiendo como fruto de su desobediencia la muerte.

Dios siendo santo, no puede tolerar el pecado, la mentira y el engaño. La comunión que existía entre Dios y Adán y Eva fue rota. El espíritu de nuestros primeros padres murió, es decir, sufrió separación de Dios al pecar. La naturaleza de ellos quedó distorsionada.

Esa naturaleza pecadora es heredada hoy en día por cada uno de sus descendientes, es decir, por toda la humanidad. Por esa razón el mundo en que vivimos está fuera de control, porque los hombres no están gobernados por Dios, sino por el pecado. Satanás, el padre de la mentira, el príncipe de las tinieblas espirituales, es ahora, temporalmente, el príncipe de este mundo.

Los espíritus de los hombres están separados de Dios, destinados a permanecer eternamente en la oscuridad espiritual, destinados a recibir el castigo eterno diseñado para Satanás y sus ángeles.

Pero hay una buena noticia. La Biblia dice que *"de tal manera amó Dios al mundo, que dio a su Hijo unigénito, para que todo aquel que cree en Él, no se pierda, mas tenga vida eterna. Porque Dios no envió a su Hijo al mundo para juzgar al mundo, sino para que el mundo sea salvo por Él."* Juan 3:16-17.

La gran noticia es que Cristo pagó en la cruz por nuestros pecados, para que nosotros no tuviéramos que permanecer separados eternamente de Él ni de su glorioso reino.

Si bien cada persona está destinada a morir en este mundo, Dios resucitará nuestros cuerpos, unos para castigo eterno, mientras que otros para vida eterna. El destino depende de nosotros, o recibimos la vida eterna que Dios nos da por medio de su Hijo, o recibimos el juicio que merecemos por nuestras obras de injusticia.

En I Juan 5:10-13 leemos que *"El que cree en el Hijo de Dios tiene el testimonio en sí mismo; el que no cree a Dios, ha hecho a Dios mentiroso, porque no ha creído en el testimonio que Dios ha dado respecto a su Hijo. Y el testimonio es éste: que Dios nos ha dado vida eterna, y esta vida está en su Hijo.*

El que tiene al Hijo tiene la vida, y el que no tiene al Hijo de Dios, no tiene la vida.

Estas cosas os he escrito a vosotros que creéis en el nombre del Hijo de Dios, para que sepáis que tenéis vida eterna."

Nosotros podemos recibir vida eterna en este mundo. No necesitamos esperar a morir para saber si la tendremos. Si esperamos hasta morir, será demasiado tarde. Si no tenemos comunión con nuestro Creador en este mundo, tampoco la tendremos en el venidero.

El apóstol Pablo en su carta a los Romanos escribió:

"Si confiesas con tu boca a Jesús por Señor, y crees en tu corazón que Dios le resucitó de entre los muertos, serás salvo; porque con el corazón se cree para justicia, y con la boca se confiesa para salvación.

Pues la Escritura dice: Todo el que cree en Él no será avergonzado. Porque no hay distinción entre judío y griego, pues el mismo Señor es Señor de todos, abundando en riquezas para todos los que le invocan; porque:

Todo aquel que invoque el nombre del Señor será salvo." Romanos 10:9-13.

Usted puede recibir salvación para su alma. Lo que Dios requiere es que usted acepte a Jesús como Señor, como presidente, y guía de su vida.

Jesús es el Buen Pastor, el Padre Eterno que quiere entrar para guiarlo por camino de vida abundante, no por religión muerta o tradiciones de hombres, sino a una relación viva y vibrante con el Dios de la creación, el Dios de la eternidad.

Jesús dijo: *"En verdad, en verdad os digo: el que oye mi palabra y cree al que me envió, tiene vida eterna y no viene a condenación, sino que ha pasado de muerte a vida. En verdad, en verdad os digo que viene la hora, y ahora es, cuando los muertos oirán la voz del Hijo de Dios, y los que oigan vivirán."* Juan 5:24-25.

Una Invitación

Usted necesita recibir a Jesús para experimentar vida espiritual. Si usted recibe la Palabra de Dios que hoy lee, si oye la voz de Jesús, al igual que Lázaro volverá a la vida. En su caso, a la vida espiritual.

Le invito a que reciba la Palabra de Dios en su corazón, creyendo y declarando a Jesús como su Señor, aceptando el sacrificio que Él hizo en la cruz por sus pecados. Jesús le dará vida eterna.

Para ello necesita primeramente arrepentirse de sus pecados. Dios lo perdonará, y usted nunca se lamentará.

Clame a Dios de corazón, con fe de que Dios le oirá.

La fe es necesaria, pues es por fe que somos salvos, no por obras, para que nadie se vanaglorie. Además, como dice la Escritura, *"sin fe es imposible agradar a Dios."* Hebreos 11:6.

El apóstol Pablo en su carta a la iglesia de Éfeso escribió *"por gracia* (un favor inmerecido) *habéis sido salvados por medio de la fe, y esto no de vosotros, sino que es don* (regalo) *de Dios; no por obras, para que nadie se gloríe."* Efesios 2:8-9.

Dios a través del profeta Jeremías nos invita a clamar a Él en medio de la necesidad: *"Clama a mí, y yo te responderé y te revelaré cosas grandes e inaccesibles, que tú no conoces."* Jeremías 33:3.

Clame a Dios, y Él le revelará la vida eterna, Él le revelará a Jesús.

Tal vez usted ha escuchado mucho de Jesús, pero no le conoce. Hoy mismo las cosas pueden cambiar. Hoy mismo usted puede venir a Jesús y empezar a conocerle, no con terror, sino como un hijo a su padre amoroso.

Jesús dijo: *"He aquí, yo estoy a la puerta y llamo; si alguno oye mi voz y abre la puerta, entraré a él, y cenaré con él y él conmigo."* Apocalipsis 3:20.

Jesús le escuchará. Él está presente, tal como dijo: *"He aquí, yo estoy con vosotros todos los días, hasta el fin del mundo."* Mateo 28:20.

Le invito a clamar con las palabras escritas a continuación. Ellas no son una fórmula mágica, mas reflejan la actitud del corazón que Dios acepta.

Dios bueno y misericordioso, te pido perdón por mis pecados. Te ruego que me limpies de toda maldad y me ayudes a caminar por tu senda de luz y verdad.

Creo que Cristo murió por mis pecados, y que su sangre es preciosa y poderosa para lavarme de toda injusticia.

Acepto pues su sacrifico en la cruz, y le recibo como Señor y Salvador de mi vida, recibiendo a la vez vida eterna.

Ruego Dios Santo me des tu Santo Espíritu para poder recibir el consejo, la fortaleza, la dirección, la corrección amorosa y la luz necesaria para caminar en este mundo en forma agradable a ti.

Ruego que me des tu Santo Espíritu para consolar mi alma en momentos difíciles, y para experimentar tu gozo y paz. Te lo pido todo en el nombre de nuestro Señor Jesucristo. Amén.

Si usted ha orado esta oración, abriendo su corazón a Jesús, sepa que tiene vida eterna. Así lo declara la Palabra de Dios, que nunca falla: *"A lo suyo vino, y los suyos no le recibieron. Pero a todos los que le recibieron, les dio el derecho de llegar a ser hijos de Dios, es decir, a los que creen en su nombre, que no nacieron de sangre, ni de la voluntad de la carne, ni de la voluntad del hombre, sino de Dios."* Juan 1:11-13.

"En verdad, en verdad os digo: el que oye mi palabra y cree al que me envió, tiene vida eterna y no viene a condenación, sino que ha pasado de muerte a vida." Juan 5:24.

Le invito a leer la Biblia, y congregarse en una iglesia cristiana, donde se estudie la Palabra de Dios y se conviva en su amor santo y limpio.

No se avergüence jamás de Jesús, ni de su Palabra. Acuérdese que Él no se avergonzó de usted en la cruz. Jesús despreció la vergüenza de la cruz, y dio su vida, por amor a nosotros. Dé, pues, usted ahora testimonio del amor de Dios. El Espíritu Santo le dará el poder para hacerlo.

No olvide la oración, es algo muy especial. Ella consiste en platicar con Dios en libertad, no con fórmulas mágicas, sino como un hijo habla con su padre, para pedir guía, consejo, para agradecerle, o para pedirle perdón. Dios no lo rechazará. Búsquele siempre.

"He aquí, yo estoy a la puerta y llamo; si alguno oye mi voz y abre la puerta, entraré a él, y cenaré con él y él conmigo."

Jesús de Nazaret

Una Nueva Creación

La Biblia enseña que Jesús vendrá pronto por todos sus discípulos, es decir, por todos aquellos que han creído y obedecido su voz.

Cuando Él venga, los cristianos verdaderos, aquellos que son cristianos no sólo de nombre sino de corazón, aquellos cristianos que murieron con su fe viva puesta en Jesús, se levantarán de sus tumbas con nuevos cuerpos. Luego, los cristianos que estén vivos a la hora de su venida, serán también transformados, reunidos con aquellos resucitados de la muerte.

En otras palabras, todos los seguidores de Jesús recibiremos cuerpos nuevos y gloriosos, para estar con Dios para siempre en una nueva condición, un estado maravilloso lleno de gozo y paz, sin dolor, ni enfermedad, ni muerte.

Pablo escribió: *"Por lo cual os decimos esto por la palabra del Señor: que nosotros los que estemos vivos y que permanezcamos hasta la venida del Señor, no precederemos a los que durmieron.*

Pues el Señor mismo descenderá del cielo con voz de mando, con voz de arcángel y con la trompeta de Dios, y los muertos en Cristo se levantarán primero. Entonces nosotros, los que estemos vivos y que permanezcamos, seremos arrebatados juntamente con ellos en las nubes al encuentro del Señor en el aire, y así estaremos con el Señor siempre.

Por tanto, confortaos unos a otros con estas palabras." I Tesalonicenses 4:15-18.

"He aquí, os digo un misterio: no todos dormiremos (es decir, no todos moriremos), *pero todos seremos transformados en un momento, en un abrir y cerrar de ojos, a la trompeta final; pues la trompeta sonará y los muertos resucitarán incorruptibles, y nosotros seremos transformados."* I Corintios 15:51-52.

Notemos que seremos transformados en un momento, en un abrir y cerrar de ojos. Dios mismo recreará nuestros cuerpos en un instante.

Dios no necesitará millones de años de procesos evolutivos para regenerar nuevos cuerpos. Lo hará por el poder de su Palabra, en un instante. Y nuestros cuerpos serán mucho más gloriosos que los que tenemos ahora. Así es de poderoso el Dios revelado en las Escrituras.

El libro de Apocalipsis revela también que un día Dios creará un nuevo cielo y una nueva Tierra, gloriosos. Una nueva Tierra donde el mar ya no existirá. Dicha revelación inspiró las siguientes palabras:

EL MAR...¡YA NO EXISTE!

"Y vi un cielo nuevo y una Tierra nueva,
porque el primer cielo y la primer
Tierra pasaron, y el mar ya no existe."

Apocalipsis 21:1

El mar ¿ya no existe?
¿Cómo es posible?
¿Una Tierra sin mar?

El mar
Tan hermosa creación de Dios.

El sonido arrullador de sus olas.

La brisa refrescante en el calor del
día.

Las palmeras altas y hermosas que
visten su orilla.

Las gaviotas que en hermoso arreglo
desfilan en su cielo.

Las nubes de anaranjado y violeta,
al caer el sol pintan su silueta.

Su arena suave y acolchonada,
amortigua cual almohada
los pies de su admirador,

quien caminando por sus orillas
glorifica al Creador.

¿Cómo? ¿No habrá mar?

Amigo, hermano, es que la nueva
Tierra será tan hermosa,
más gloriosa de lo que palabra humana
pueda describir.

Tanto que Dios nos lo hace entender
haciéndonos saber
que el mar y su gloria
no tienen valor ni comparación
ante la gloria de la nueva creación.

Algunas Palabras Finales Del Autor

Le agradezco a Dios por la oportunidad que me ha brindado en el campo académico. Le doy la gloria y la honra a Él por las múltiples bendiciones derramadas, entendiendo que sin nada vine al mundo, y que todo lo bueno que he recibido lo he recibido gracias a su infinita misericordia, y para su servicio.

Agradezco a Dios principalmente por permitirme conocer a Jesucristo y su Palabra. De nada serviría tener todos los títulos profesionales, o las riquezas del mundo, si al final de la carrera uno muere sin conocer a Dios, perdiendo su alma eternamente.

Le agradezco a Dios por darme también su Espíritu Santo, quien me ha dado libertad y luz. Lejos de seguir ciegamente una religión, ahora sigo a Jesucristo con entendimiento, en espíritu y verdad. Mi vida ahora es bendecida con su presencia, y tiene un propósito sublime y eterno.

Es mi oración que este libro sea de utilidad para cada lector que lo toma en sus manos, acercándolo más al Creador del universo. Es mi privilegio compartir lo que Dios me ha dado, para que otros también puedan entender que *"En el principio creó Dios los cielos y la Tierra"*, conociendo al Creador y experimentando vida abundante y eterna.

Notas Aclaratorias

La traducción de La Biblia de la Américas escribe "SEÑOR" cuando se refiere al nombre "Jehová". Dicho formato ha sido observado en esta obra. El énfasis dado a ciertas palabras o porciones de las citas bíblicas usadas acá, mediante palabras subrayadas u otra manera, ha sido hecho con el objeto de llamar la atención hacia algún aspecto particular de la Escritura.

En ocasiones se han añadido comentarios en medio de las Escrituras para aclarar el lenguaje. En dichos casos el comentario está incluido entre paréntesis y con letra normal, para diferenciarlo del texto bíblico.

Otras Obras De Interés

El Verbo Para Latino América (ELVELA) ha producido otros materiales de edificación entre ellos: El libro "Génesis: El Origen del Cosmos y la Vida", publicado en el 2015, y conteniendo material más actualizado sobre el tema del Creacionismo; y los libros "Sobre Esta Roca" y "El Consejo Precioso de Dios". Adicionalmente ha producido los folletos "Creados a la Imagen de Dios", "Reflexiones Sobre el Hijo de Dios" y "Celebremos La Semana Santa… como le agrada a Dios"; y los CD's (mensajes en audio con música): "Encuentro con Jesús" y "Creados a la Imagen de Dios". Para mayor información favor contactar a: El Verbo Para Latino América - PO Box 1002, Orange, CA 92856 - Estados Unidos de América. Teléfono: (714) 285-1190.

ELVELA es una organización cristiana sin fines de lucro. El objetivo de la organización es proclamar a Cristo y su Palabra entre el mundo hispano.

www.ingramcontent.com/pod-product-compliance
Lightning Source LLC
Chambersburg PA
CBHW081213020426
42331CB00012B/3011